실험으로 이해하는

구조역학

이성수 이용수 이종원 전호민 홍갑표 공저

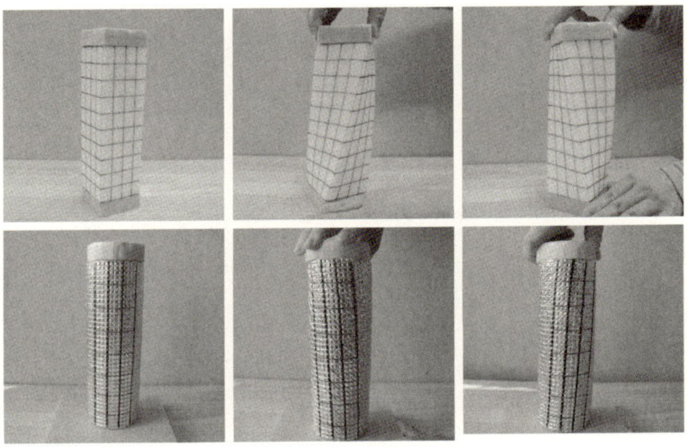

기문당

서 문

학부 교육과정에서 학생들은 이구동성으로 구조관련 과목이 어렵다고 한다. 4학년에 이르러 기사시험을 볼 때에 "과락"으로 기사시험에 탈락하는 경우도 상당수는 구조과목 때문이다. 많은 학생들이 구조역학의 수업을 시작한 지 몇 주 되지 않아서 이내 구조과목에 대한 흥미를 잃어버리곤 한다.

건축설계를 제대로 하려면 구조의 개념이 정립되어 있어야 함에도 불구하고 설계를 전공하고자 하는 학생은 아예 구조과목을 소홀히 하는 경향도 있다. 본인의 전공은 건축설계이고, 구조과목은 설계에 도움이 되지 않고 어렵기만 한 과목이라 생각하기 때문이다.

예전에 저자가 학부과정에서 구조과목을 학습하던 때를 돌이켜 보아도 예나 지금이나 비슷하다는 생각도 든다. 당시에도 구조과목은 딱딱한 이론과 재미없는 연습문제 풀이의 반복이었다. 또한 한두 번 수업에 집중하지 않으면 다음 강의 내용을 이해하기도 어려워지곤 했었다.

저자는 강단에 선 이후 구조를 강의하면서 모든 학생이 구조에 흥미를 느끼고, 보다 많은 것을 배우게 되기를 기대하지만, 그렇지 못한 현실에서 안타까움과 미안함을 갖고 있다.

'어떻게 하면 구조의 개념을 쉽게 설명하고, 흥미롭게 강의할 수 있을까?'
'어떻게 하면 학생들이 자발적으로 구조의 개념을 이해하고, 구조과목에 친근하게 접근할 수 있을까?'

수년 동안 구조과목을 강의하면서 어떻게 하면 구조의 개념을 쉽게 전달할 수 있을까 하고 많은 고민을 하였다. 고민만 하고 정작 수업에는 많이 반영하지 못하여 지난 학생들에게 미안한 감도 있지만 이러한 고민의 결과로 "실험으로 이해하는 구조역학"이라는 책이 만들어지게 되었다.

구조는 물리의 응용 학문이다. 이론적으로 또는 수식적으로 강의하면 과목은 딱딱하고 재미없게 되는 것이 당연하다. 그러나 경험과 시각적 이해를 자극하는 실험학습으로 강의하면 복잡한 이론이나 수식적 전개가 없어도 구조의 개념은 저절로 전달되고, 학습에 대한 흥미도 한층 높아지게 된다. 구조는 이제 더 이상 재미없는 과목이 아니다.

본 책에서 제시하는 실험학습은 거창한 구조실험실이나 복잡한 실험장비로 하는 체계적인 실험이 아니다. 일상에서 구할 수 있는 재료를 사용하여 일반강의실에서 수업 중에 할 수 있는 간이실험이 대부분이다. 실험방법이 유치하다고 할 수도 있고 실험결과가 정확하지 않다고 할 수도 있지만 이러한 간이실험을 통하여 "부담없이", "흥미롭게" 구조의 개념을 이해할 수 있도록 하는 데 중점을 두었다. 구조의 이론과 수식에 관한 것은 핵심적인 것만 제시하였고, 구조 개념의 물리적 현상을 이해할 수 있는 여러 가지 경험적 사례를 설명하는 것에 더 많은 노력을 기울였다.

기사 시험 대비를 위한 문제풀이형 교재로는 부족할지 모르지만 향후의 건설기술인이 될 학생들이 구조의 개념을 보다 흥미롭게 친숙하게 받아들일 수 있는 교재로서는 충분히 권할만하다고 생각한다. 일반 강의실에서 강의 중에 구조실험을 병행하거나 실험학습 과제를 부여하면 수업에 대한 학생들의 참여가 한층 높아지게 된다. 교수와 학생들의 아이디어를 모아서 보다 간편하고 흥미로운 여러 가지 실험방법을 개발할 수도 있다.

또한, 이미 건설회사 또는 설계사무소 등에서 근무하고 있는 건설기술인도 본 책을 재미 삼아 읽어보기만 해도 그 동안 어렵게만 생각했던 구조의 개념을 쉽게 받아들일 수 있을 것으로 기대한다.

내용 중에 부족한 점이 있고, 부분적으로는 미처 발견하지 못한 오류가 있을 수도 있다. 독자 여러분의 많은 지적으로 본 책이 점차 개선될 수 있기를 기대한다.

2011. 1.

저 자

CONTENS

차 례

PART 1

힘의 작용

1_ 힘의 작용

1.1 힘(Force)

물체에 작용하여 정지하고 있는 물체를 움직이게 하거나 움직이고 있는 물체의 방향이나 속도를 바꾸게 하는 원인을 힘이라 한다. 그림 1.1과 같이 용수철에 추를 매달면 추의 무게로 인하여 추의 위치와 용수철의 길이가 변화한다.

$F = m \cdot a$ (힘 = 질량×가속도)

(m : 질량, a : 가속도)

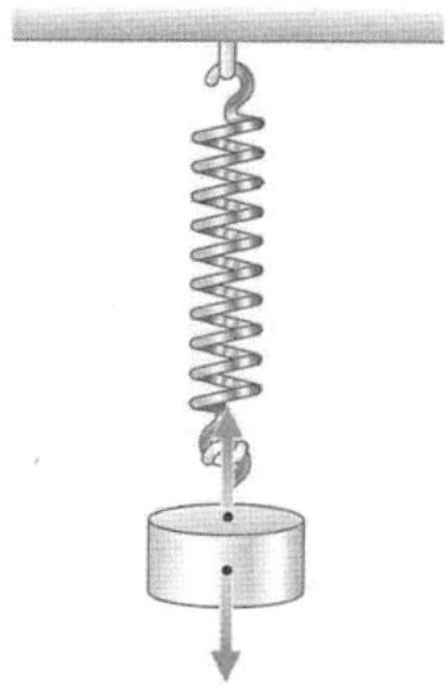

그림 1.1 힘과 변위

1.2 힘의 단위

- kgf, tonf, N, dyne 등
- kgf : 1kgf = 1kg × 1G(중력가속도) = 1kg × 9.8m/s^2 = 9.8N≒10N
- N : 1kg의 질량이 1m/s^{2}의 가속도로 움직이게 하는 힘. 1N = 1kg × 1m/s^2 ≒ 0.1kgf

1.3 구조물에 작용하는 힘의 유형

구조물에는 자중을 비롯하여 여러 가지 외적인 요인으로 인한 힘과 지점반력이 작용하고 있고, 이에 대응하여 구조물 내부에는 외부의 힘에 저항하는 여러 가지 내력(부재력)이 있다. 구조물 내부에서 반작용하는 내력에 대해서는 뒤에서 다루기로 하고, 본 절에서는 구조물에 작용하는 외부의 힘을 살펴보자.

구조물의 외부에서 구조물에 작용하는 힘에는 하중과 지점반력이 있다. 그림 1.2는 건물에 작용하는 여러 가지 하중 요인의 몇 가지 사례를 간략히 표시한 것이다. 이외에도 지진하중이 작용할 수도 있고, 충돌에 의한 충격력이나 유수 또는 지하수에 의한 수압 등 매우 다양한 하중요인이 있을 수 있다. 구조물에 작용하는 하중의 유형을 몇 가지 살펴보자.

- **중력 하중** : 구조물의 자중, 설하중, 지붕에 고인 물의 하중, 적재물이나 사람, 장비, 가구의 무게 등과 같이 중력에 의해 연직방향으로 구조물에 작용하는 힘이다. 그림 1.2와 1.3에서, 구조물 자체 또는 마감재, 설비 등과 같이 하중의 위치나 크기가 거의 변하지 않는 것을 고정하중(DL : Dead Load)이라 하고, 사람, 자동차, 가구 또는 적재물과 같이 하중의 위치 또는 크기가 변하는 것을 활하중(LL : Live Load)이라 한다.

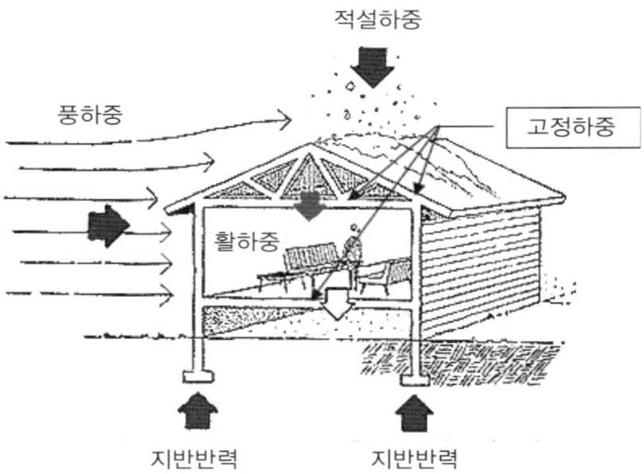

그림 1.2 건물에 작용하는 하중

그림 1.3 고정하중과 활하중

- **자연 외력** : 지진이나 바람에 의한 하중, 지하수에 의한 수압 등은 자연현상이 구조물에 하중으로 작용하는 사례이다. 그림 1.4는 바람에 의한 풍하중을 묘사한 것이다.

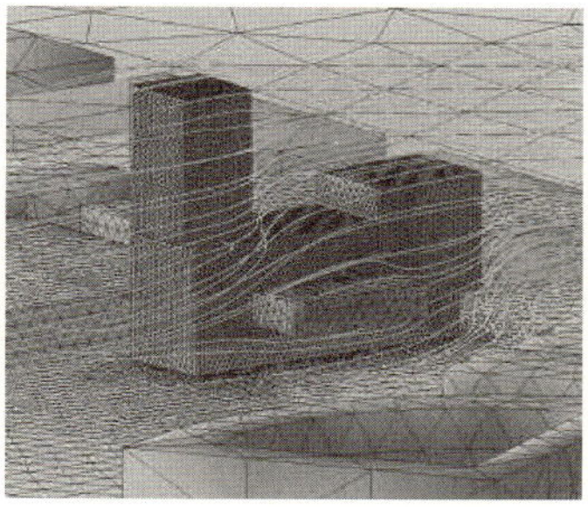

그림 1.4 건물에 작용하는 풍하중

- 충격력 : 비행기가 구조물에 충돌하거나 가스 또는 화약류가 폭발하여 폭발압력이 구조물에 작용하면 구조물은 심각한 피해를 입게 된다. 사진 1.1은 세계무역센터에 대한 비행기 테러 장면으로, 비행기의 충격력에 의해 건물이 관통되고, 그 이후에 비행기의 연료폭발과 화재가 발생하여 대형 참사가 발생한 사례이다.
- 이동 하중 : 기차나 차량이 이동하면서 유발하는 하중도 구조물에 영향을 미친다. 이동하는 기차나 차량에 의하여 반복적으로 발생하는 진동은 교량이나 레일 시스템 등의 손상원인이 될 수 있다. 또한, 이러한 진동은 인근 구조물에 지속적으로 전달되어 구조물이 손상되기도 하고, 구조물에 진동이 발생하여 사람에게 불쾌감을 주거나, 생산제품의 품질을 저하시키는 부정적인 영향을 미치기도 한다.(그림 1.5)

사진 1.1 충돌과 폭발

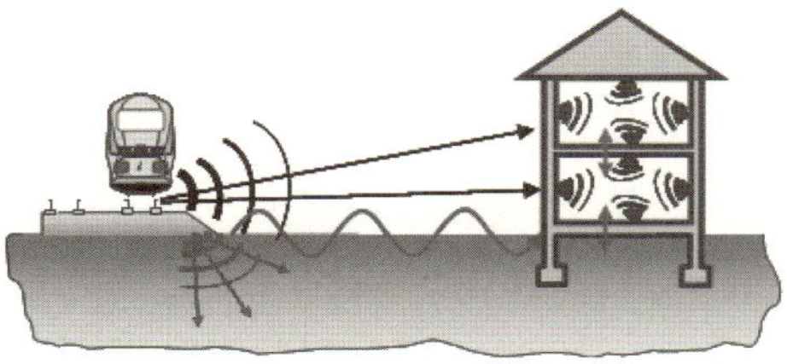

그림 1.5 열차운행으로 인한 진동전달

1.4 힘의 작용에 의한 효과

(1) 물체의 이동

힘은 정지하고 있는 물체의 위치를 이동 또는 회전시킨다. 구조물에서 나타나는 변형은 구조물에 힘이 작용하여 구조물의 형상이 바뀌는 것이다.

(2) 물체의 정지

힘은 이동 또는 회전하는 물체를 정지시킨다. 하중에 의해 변형이 진행되던 구조물에서, 하중에 대응하는 반력에 의해 힘의 평형상태가 이루어지면 구조물의 변형이 정지하게 된다.

(3) 물체의 속도 변화

힘은 물체의 이동속도 또는 회전속도를 증가시키거나 감소시킨다. 무중력·진공상태의 이상적인 조건에서 일정한 속도로 운동하는 물체에는 힘이 작용하고 있지 않는 것이다. 물체가 일정한 속도로 이동하고 있으면 가속도는 0이므로 힘이 작용하지 않는 상태이다. 이 상태에서 운동방향과 같은 방향으로 힘을 작용하면 속도가 증가하고, 운동방향과 반대방향으로 힘을 작용하면 속도가 감소하게 된다.

물체의 속도가 증가하고 있으면 가속도는 0보다 크고 힘의 작용이 물체의 운동방향과 같은 경우이다. 물체의 속도가 감소하고 있으면 가속도는 0보다 작은 상태이고 힘의 작용이 물체의 운동방향과 반대인 경우이다.

1.5 구조물에서 나타나는 힘의 효과

구조물에 힘이 작용하면 구조물은 변형된다. 반대로 힘이 작용하지 않으면 구조물은 변형하지 않는다. 보와 기둥이 변형하거나 건물이 기울어지고, 구릉지의 경사면에 있는 건물이 전도되거나 본래 위치에서 밀려나고, 지진에 의해 건물이 파괴되고(사진 1.2) 바람에 의해 건물이 흔들리고,

사진 1.2 지진에 의한 건물의 붕괴

걸어가는 사람으로 인해 바닥이 진동하는 것은 모두 구조물에 힘이 작용하여 나타나는 현상이다. 힘의 작용으로 인하여 구조물에서 다양한 종류의 변형과 운동이 발생하게 되는 것이다.

따라서 구조물이 본래 용도에 맞게 안전하게 사용되기 위해서는 구조물에 작용하는 힘의 세기를 정확히 파악할 수 있어야 하고 그 효과를 분석 또는 예측해서 힘의 작용으로 인한 불리한 변형이나 기타 현상이 발생하지 않도록 적절한 설계와 보강으로 조치해야 한다.

1.6 실험학습

1.6.1 실험학습-1 : 캔틸레버보[1)]의 처짐

(1) 실험 목적

힘에 의한 구조물의 변형 이해

(2) 실험 개요

클램프에 고정시킨 얇은 쇠막대 캔틸레버보의 선단부를 손가락으로 눌러서 처짐변형이 일어나게 한다. 약하게(작은 힘으로) 누르면 선단부의 처짐이 조금 발생하고, 세게(큰 힘으로) 누르면 선단부의 처짐이 많이 발생한다.

보다 정량적인 실험을 하고자 하는 경우는 캔틸레버보의 선단부에 일정한 무게의 질량추를 1개, 2개, 3개 매달아서 처짐량의 변화를 관찰한다.

(3) 실험 준비물

- 클램프 : 60cm 막대쇠자의 한쪽을 고정시키기 위함
- 막대쇠자 : 60cm, 캔틸레버보의 역할을 함
- 막대자 : 캔틸레버보의 선단부 처짐량을 계측함
- 질량추 : 100g, 200g, 300g, 500g
- 배경막 : 질량추를 매다는 단계별로 처짐형상을 그림으로 표시하기 위함

(4) 실험설치와 진행방법

① 클램프에 60cm 쇠자의 한쪽을 고정시켜서 캔틸레버보 형태로 만든다.

---

1) 한쪽 단부는 고정이고, 다른 한 쪽 단부는 자유단인 보

이 건물의 형상이 정형인 경우는 부등침하가 발생하지 않지만 그림 1.7(b)와 같이 건물 모양이 비정형이면 높이가 높은 쪽에서 침하량이 더 많이 나타난다. 높이가 높은 쪽은 무게(하중)가 더 크기 때문이다.

이와 비슷한 실험으로 연약지반과 단단한 지반에 대한 실험도 해본다. 그림 1.7(c)와 같이 무른 찰흙과 된 찰흙으로 이질지반의 모형을 만들고 정형의 건물모형을 지반모형 위에 올려놓으면 무른 찰흙쪽으로 기울어지는 부등침하가 일어난다.

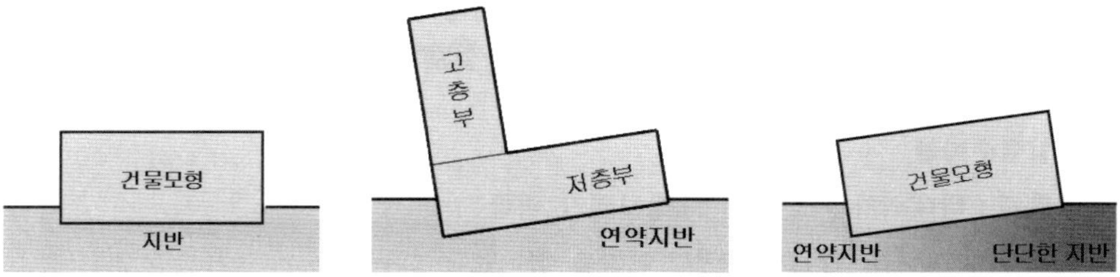

(a) 정형 건물모형 (b) 비정형 건물모형 (c) 이질 지반

그림 1.7 찰흙지반을 이용한 부등침하 실험

(3) 실험 준비물

- 무른 찰흙과 된 찰흙 : 지반모형을 만들기 위함
- 정형 건물모형 : 찰흙에 침하가 일어날 정도의 무게를 가질 것
- 비정형 건물모형 : 저층부와 고층부로 구성된 비정형 건물모형

(4) 실험 설치와 진행방법

① 찰흙으로 일반 지반모형과 이질 지반모형을 만든다.

② 일반 지반모형에 정형 건물과 비정형 건물의 모형을 올려놓고 부등침하 현상을 관찰한다.

③ 이질 지반모형에 정형 건물모형을 올려놓고 부등침하 현상을 관찰한다.

• 추가학습 찰흙 지반 위에 건물모형을 올려놓으면 처음에는 침하가 어느 정도 진행되다가 잠시 후 정지하게 된다. 힘의 작용과 반력의 관점에서 이 현상을 설명하면?

찰흙 지반 위에 건물모형을 올려놓으면 이를 지지하는 찰흙 지반이 처음에는 그 힘을 충분히 지지(반력)하지 못하므로 침하가 발생한다. 침하가 진행되는 동안에 찰흙이 압밀되면서 지지하는 반력이 점차 커지게 되고, 그 반력이 건물모형의 하중을 지지할 수 있는 정도가 되면 침하가 정지하게 된다.

즉 지반의 지지 반력이 건물의 하중과 같아질 때까지 침하가 지속되다가 반력이 건물의 하중과 같아질 때 침하가 정지하게 된다.

1.6.4 실험학습-4 : 힘의 작용을 이해하는데 도움이 되는 다른 실험

- 물체의 낙하운동
- 정지물체를 밀어서 이동시킴
- 이동하는 물체를 막아서 정지시킴
- 물체를 회전시키거나 회전하는 물체의 속도를 변화시킴
- 이동하는 물체의 속도 변화
- 물 위의 모형 배를 이용한 실험 : 배가 이동하는 방향의 뒤에서 바람(힘)을 불면 배의 이동 속도가 빨라지고(가속) 배의 앞에서 바람을 불면 이동 속도가 느려진다. (감속)

2_ 힘의 평형

2.1 힘의 평형이란

힘이 작용하지 않거나, 힘이 작용하여도 물체의 운동에 변화가 없는 상태를 힘의 평형이라 한다. 물체가 힘의 평형 상태에 있으면 정지해 있는 물체는 계속 정지해 있고, 등속으로 운동하고 있는 물체는 운동하는 속도에 변화가 없다.

힘의 평형은 운동회에서 하는 줄다리기에서 쉽게 살펴볼 수 있다.(그림 2.1) 줄을 잡아당기는 양 팀의 힘이 서로 같으면 동아줄은 어느 한쪽으로도 이동하지 않지만 두 팀 중 한 팀의 힘이 더 크면 힘의 평형을 이루지 못해서 동아줄은 잡아당기는 힘이 큰 쪽으로 이동하게 된다.

이와 같이 물체에 힘이 작용하여도 그에 대한 같은 크기의 힘이 반대방향으로 작용하여 두 힘이 서로 상쇄됨으로써 물체에 이동이나 회전이 유발하지 않는 상태를 힘의 평형이라 한다. 힘의 평형상태에서 작용하는 모든 힘의 합을 구하면 그 값은 0이 된다.

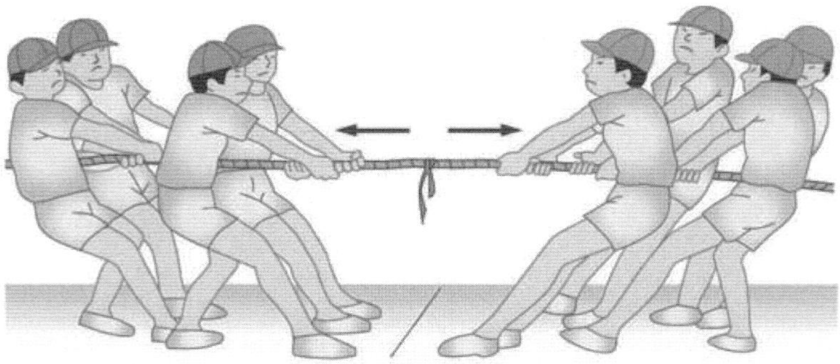

그림 2.1 작용과 반작용에 의한 힘의 평형

2.2 힘의 평형조건

구조역학에서 다루는 구조물은 일반적으로 정지되어 있는 물체이다. 정지되어 있다는 것은 구조물이 현재 힘의 평형상태에 있다는 의미이다. 구조물에 작용하는 힘이 평형을 이루지 못하면 구조물은 휘거나 균열이 발생하고 심하면 붕괴되기도 한다. 즉 구조물의 외부에서 작용하는 외력과 구조물을 구성하는 부재[3]에서 이에 대응하는 힘(내력)이 평형을 이루지 못하면 구조물은 큰 변형을 일으키며 파괴에 이르게 된다.

구조물에 외력이 작용하여 부재의 위치가 이동할 때, 처음 위치와 이동된 위치를 3차원적으로 나타내기 위해서는 각 절점[4]에서 6개의 자유도[5]를 사용하여 나타낼 수 있다. (그림 2.2 참조) 그러나 본 교재에서는 x, y 평면상에 작용하는 힘만을 고려하므로 x방향의 변위, y방향의 변위, Z축에 대한 회전 등의 3개의 좌표만으로 나타낼 수 있다. 따라서 평면상에서는 세 방향에 대한 힘의 평형을 만족한다면 구조물은 힘의 평형상태에 있게 되는 것이다.

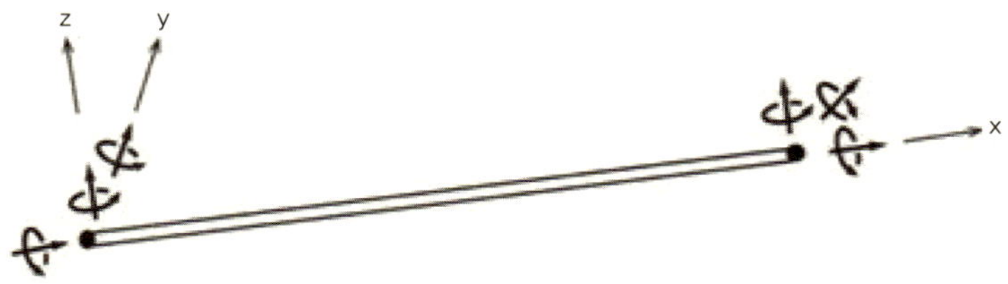

그림 2.2 3차원 부재의 각 절점에서의 자유도

구조물에 작용하고 있는 외력(하중, 지점반력)의 합이 0이 될 때 구조물은 평형을 이룰 수 있다. 2차원 평면상에서 구조물에 작용하는 힘은 수평방향의 힘, 수직방향의 힘, 구조물을 회전시키려는 힘(이하 "모멘트"라 함)으로 분류할 수 있다.

따라서 구조물에 작용하고 있는 수평방향 힘의 합이 0, 수직방향 힘의 합이 0, 모멘트의 합이 0이 되면 구조물은 수평방향이나 수직방향으로 이동이 없고, 회전도 하지 않는 평형상태에 있게 된다.

---

3) 기둥, 보, 슬래브, 벽 등과 같이 구조물을 구성하는 요소를 부재(Member)라 한다.

4) 선의 끝점, 선과 선이 만나는 점, 선과 면이 만나는 점 등을 절점(node)이라 한다. 구조역학에서 보와 기둥은 선 요소로 표시하므로 보와 기둥의 끝점, 보와 기둥이 만나는 점, 보와 보가 만나는 점, 보와 벽이 만나는 점, 기둥과 슬래브가 만나는 점, 기둥과 기초가 만나는 점들이 기본적인 절점이 된다.

5) 물체의 변형 또는 변위를 표시하기 위해 필요한 최소한의 좌표계를 자유도(Degree of Freedom)라 한다. 예를 들어, 평면상에 있는 한 점의 이동은 (X, Y) 좌표계로 나타낼 수 있으므로 2자유도계로 표시할 수 있다.

그림 2.5(c)에서 책상의 바닥면이 나무블록을 지지할 수 있게 충분히 강하면 나무블록은 놓인 그 자리에서 수직으로 이동이 없다. 즉 무게(하중)와 반력이 같아 외력에 평형을 이루고 있기 때문이다. 그러나 나무블록과 책상 바닥 사이에 물렁한 스펀지가 놓여 있다면 나무블록이 놓이는 순간은 무게가 스펀지의 반력보다 크게 작용되어 스펀지가 압밀되고, 스펀지가 압밀되면서 스펀지의 내력이 강해져 스펀지가 지지하는 반력이 무게와 같아지는 순간에 블록의 수직이동(스펀지의 압밀변형)이 정지하게 된다. 이 때 무게와 반력이 힘의 평형을 이루게 된다.

모든 물체가 외력에 대해 평형을 이루더라도 외력과 내력(內力)[8] 관계에서 평형을 이루지 못하면 물체는 큰 변형을 일으켜 사용 불가능한 경우를 초래하거나 파괴에 이르게 된다. 즉 외력과 내력 사이에 큰 변형이 발생되지 않는 상태에서 구조물이 평형을 이루어야 안정적이고 사용가능한 건축 구조물이 된다.

그림 2.5(a)와 (b)는 줄과 용수철에 하중(무게)이 작용할 때, 작용 당시에는 줄과 용수철의 강성이[9] 충분하지 않아 줄과 용수철이 인장 변형을 일으키게 된다. 인장 변형이 커짐에 따라 줄과 용수철의 강성이 증가되어 어느 순간 하중(무게)의 크기와 줄과 용수철이 부담할 수 있는 내력(응력)이 같아지게 되고 이 순간 힘의 평형을 이루게 되어 수직 인장 변형은 정지하게 된다.

- 반력의 이해를 위한 사례 – 1

압축강도가 2.5kN/cm^{2}이고 단면이 10cm×10cm(단면적 100cm^2)인 콘크리트 기둥을 예로 들어보자. 콘크리트의 압축강도는 2.5kN/cm^{2}이므로 콘크리트 기둥 위에 250kN(약 25tonf)까지 올려놓을 수 있다.

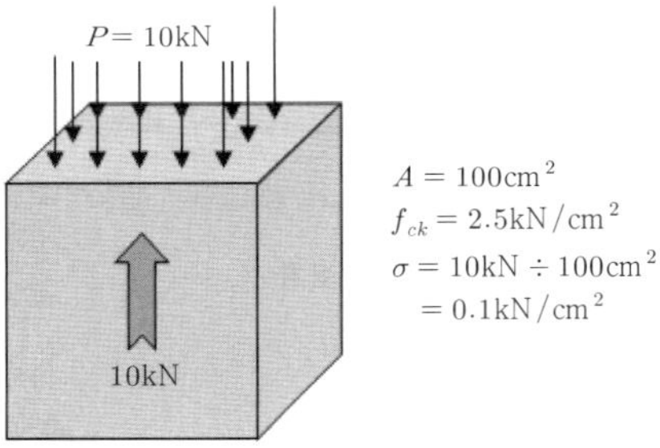

그림 2.6 기둥 단면의 반력과 응력도

(1) 기둥 위에 10kN의 하중이 작용하는 경우 : 기둥이 지지할 수 있는 최대내력은 250kN이지만, 기둥에 작용하고 있는 하중이 10kN이므로 그 크기만큼만 반력이 생긴다.

---

8) 외력에 대응하는 반력. 외력을 지지하는 내력(耐力)과 유사한 개념이지만 관점이 다르므로 혼동하지 않기 바람

9) 강도와 강성의 개념 정리는 8.2.2절 참조

한다. 하중판을 쌓을 때마다 찰흙기둥은 변형의 증가와 정지를 반복한다.

(3) 실험 준비물

- 단면적이 5cm×5cm인 찰흙기둥 : 높이는 약 10cm
- 하중판 여러 개

(4) 실험 설치와 진행방법

① 찰흙기둥을 만든다.

② 찰흙기둥 위에 하중판을 놓는다.

③ 하중판이 얹어진 직후의 변형된 모습을 살피고, 변형이 정지되었는지 확인한다.

④ 하중판의 적층 개수를 늘려가면서 변형량을 관찰한다.

(5) 실험 주의사항

- 하중판의 위치가 편심가력되지 않도록 주의한다.

• 추가학습 실험학습-1에서 고무줄에 매달린 질량추를 하나씩 제거할 때와 실험학습-2에서 찰흙기둥 위의 하중판을 하나씩 제거할 때의 차이점은? (탄성과 소성)

고무줄은 변형이 복원되고, 찰흙기둥은 변형이 거의 복원되지 않는다. 변형이 복원되는 현상을 "탄성(Elasticity)"이라 하고, 변형이 복원되지 않는 현상을 "소성(Plasticity)"이라 한다.

2.5.3 실험학습-3 : 힘의 평형 개념을 이해하는데 도움이 되는 다른 실험

- 갯벌 : 갯벌 위를 걸으면 발이 갯벌 속으로 들어가다가 발목이나 무릎깊이에서 정지한다.
- 얼음판 위의 돌과 강물에 던진 돌 : 얼음판은 단단하여 돌의 무게에 해당하는 반력을 만들어 낼 수 있지만 강물은 충분한 반력을 만들 수 없으므로 강의 바닥까지 돌이 떨어진다.
- 단순보 또는 캔틸레버보 막대 위에 물건 올리기
- 용수철에 질량추 매달기
- 두 사람이 마주보고 서로 밀기
- 줄다리기

3_ 힘의 분해와 합성

3.1 힘의 분해

하나의 힘을 2개 또는 3개 이상의 힘으로 분해할 수 있는 방법은 셀 수 없이 많지만 힘의 계산이 편리한 방향으로 분해하는 것이 좋다.

역학의 문제를 풀다보면 작용하는 힘이 사선으로 작용하거나, 힘은 연직방향으로 작용하여도 구조물이 비스듬하게 되어 있는 경우 등이 있다. 구조물에 힘이 비스듬하게 작용하면 문제의 해석이 불편해지므로 구조물에 작용하는 힘을 구조물에 수직인 힘과 수평인 힘으로 분해하여 해석하는 것이 편리하다.

그림 3.1(a)에서 힘 P는 그림 3.1(b)와 같이 P_1과 P_2로 분해할 수 있으나 일반적으로 직교하는 두 힘으로 분해하여 X성분(P_x)의 힘과 Y성분(P_y)의 힘으로 계산하는 것이 편리하다. 이 때 수평성분의 힘 P_x와 수직성분의 힘 P_y는 다음과 같이 계산할 수 있다.

수평성분의 힘 $P_x = P \cdot \cos\theta$

수직성분의 힘 $P_y = P \cdot \sin\theta$

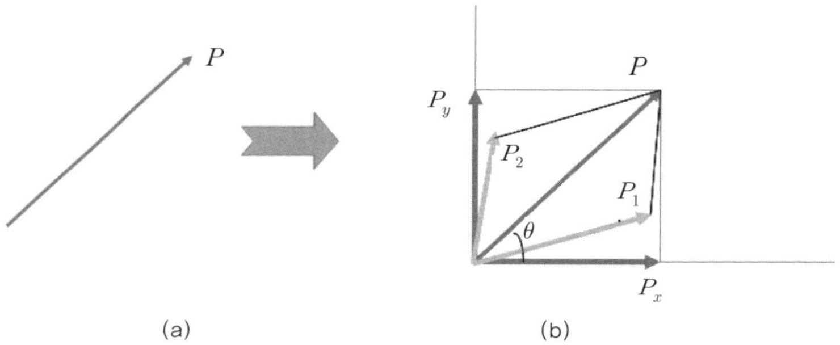

그림 3.1 직교좌표계에 대한 힘의 분해

3.2 힘의 합성

힘의 분해와 마찬가지로 2개 이상의 힘을 하나의 힘으로 합성할 수 있다. 힘의 작용점을 구하는데 응용되는 바리뇽의 정리는[12] 힘의 합성에 관한 성질을 이용한 것이다.

12) 어느 물체에 작용하는 여러 개의 힘으로 인한 효과는 여러 개 힘이 합성된 하나의 힘이 한 점에 작용하는 것과 같다.(4장 참조)

물체에 작용하는 여러 개의 힘을 하나의 합력으로 합성하는 경우는 각각의 힘을 수평성분의 힘과 수직성분의 힘으로 분해하는 작업부터 시작한다. 그 후에 수평성분의 힘을 모두 합하면 그 값이 합력의 수평성분이 되고, 수직성분의 힘을 모두 합하면 그 값은 합력의 수직성분이 된다. 합력의 수평성분과 수직성분의 힘을 구하였으므로 이를 다시 하나의 합력으로 만들게 되면 그 크기와 방향이 여러 개의 힘으로 인한 합력이 된다.

$P_x = \Sigma(X\text{성분}) = \Sigma(P_{xi})$

$P_y = \Sigma(Y\text{성분}) = \Sigma(P_{yi})$

합력 $P = \sqrt{P_x^2 + P_y^2}$

$\tan\theta = (P_y / P_x)$

합력의 방향 $\theta = \tan^{-1}(P_y / P_x)$

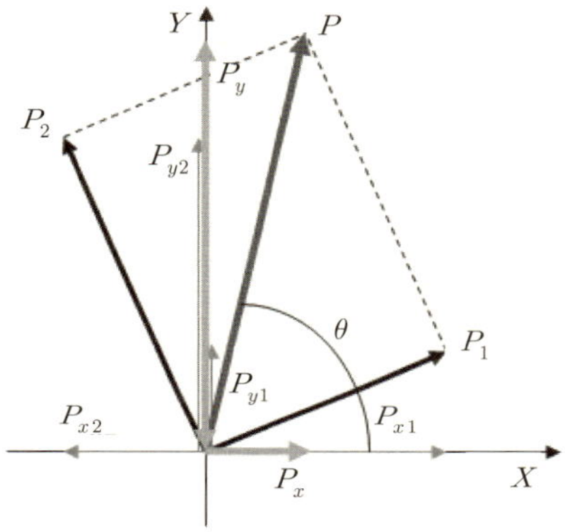

그림 3.2 여러 힘의 합력

3.3 실험학습

3.3.1 실험학습–1 : 힘의 합성과 분해 – 1

(1) 실험 목적

힘의 합성과 분해에 대한 시각적 이해

(2) 실험 개요

고정되어 있지 않은 원형고리에 용수철저울을 걸어서 잡아당기면 원형고리는 끌려간다. 이번에는 원형고리를 벽에 고정시키고 잡아당겨보자. 용수철저울의 값은 증가하고, 원형고리는 고정점에서 반력에 의하여 제자리에 있게 된다. 이 때 용수철저울의 값을 10N에 맞추었다고 가정하자.

다시 원형고리를 고정하지 않은 상태에서 A, B, C 3개의 용수철로 각각 다른 방향으로 잡아 당겨서 3개의 용수철저울 중 어느 하나의 값이 10N을 가리키고 전체적으로 평형상태가 되도록 한다. 이 상태에서 다른 두 용수철저울의 값은 10N 힘에 대한 분력을 의미하고, 반대로 10N은 다른 두 힘의 합력이 되는 것이다.

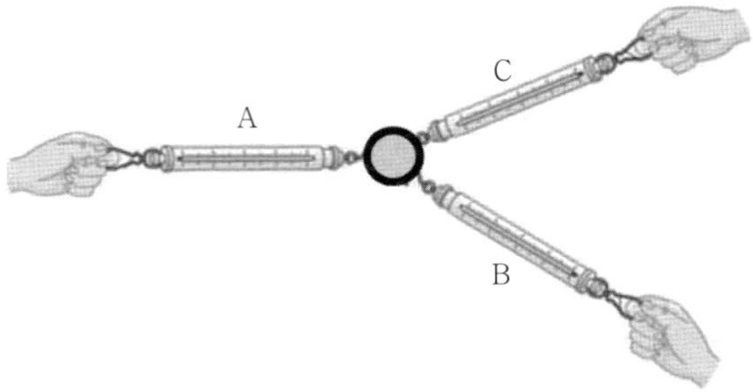

그림 3.3 세 힘의 평형에 관한 실험

3개의 용수철저울이 평형상태에 있을 때 원형고리를 중심으로 하여 용수철 3개의 방향을 그림으로 표시하고, 각각이 나타내는 힘의 크기를 표시한다. 그림으로 그려진 세 힘의 평형상태에 대하여 힘의 합성에서 학습한 수식적인 방법으로 합력의 크기와 방향 등을 확인해 보도록 한다.

- 합력과 분력의 확인

세 힘이 평형상태에 있으면 10N이 아닌 나머지 두 힘의 합력은 10N에 대응하는 반력이 되어야 한다. 그림으로 표시한 세 힘의 상태에서 두 힘의 합력이 10N이 되고, 그 방향이 10N 용수철과 동일 직선상에 있는지 확인한다. 이와 같은 상황은 세 용수철 중 임의의 어느 하나를 기준으로 하더라도 마찬가지이다. 예를 들어 B 용수철이 5N을 가리킨다면 A, C 용수철의 합력은 5N이 되어야 하고 그 방향은 B용수철과 동일 직선상에 있어야 한다.

(3) 실험 준비물

- 용수철저울 3개 : 힘의 크기를 알 수 있어야 함
- 원형고리 : 힘의 작용점 역할을 함
- 각도계
- 수평 - 수직 그리드선이 그려진 종이

(4) 실험 설치와 진행방법

① 그림 3.3과 같이 원형고리에 용수철저울 3개를 설치한다.

② 세 방향에서 용수철저울을 잡아 당겨서 어느 한 용수철의 값이 10N이 되도록 한다.

③ 3개의 용수철저울이 가리키는 값과 서로간의 각도를 측정한다.

④ 그리드선이 그려진 종이에 용수철저울의 각도와 값에 따른 힘벡터를 표시한다.

⑤ 두 힘의 합력이 다른 하나의 힘과 크기가 같고 방향이 연직선상에 있는지 확인한다.

• 추가학습 라미의 정리(Lami's Theorem) : 한 점에 작용하는 서로 다른 세 힘이 평형을 이루면 각각의 힘은 그에 마주보는 대각에 대하여 다음과 같은 관계가 성립한다.

$$\frac{P_1}{\sin\theta_1} = \frac{P_2}{\sin\theta_2} = \frac{P_3}{\sin\theta_3}$$

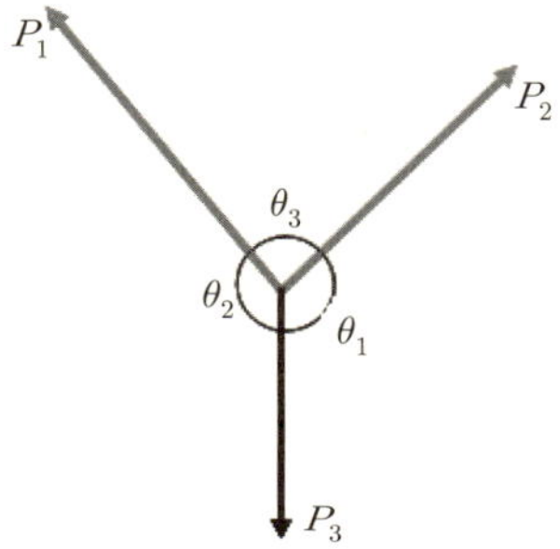

라미의 정리를 이용하면 세 힘의 평형에 관한 문제를 간편하게 풀 수 있으므로 각종 시험에 자주 출제된다.

예제 ▌ 고무줄에 매달린 원형고리를 2개의 용수철저울로 잡아당기고 있다. 고무줄에 작용한 힘이 10N일 때, P_1, P_2에 작용하는 힘은 얼마인가?

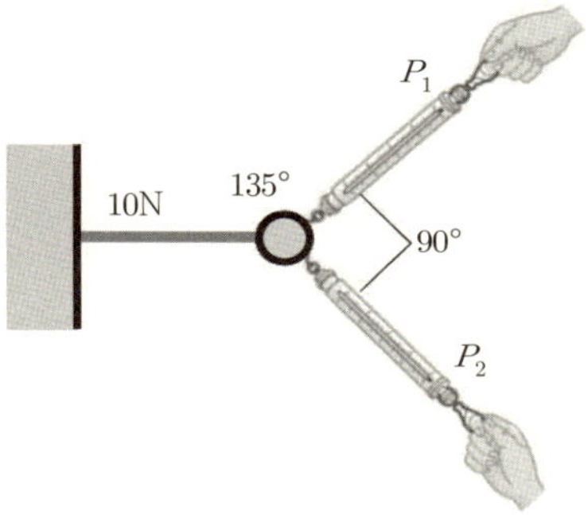

3.3.2 실험학습-2 : 힘의 합성과 분해 - 2

(1) 실험 목적

길이가 같은 3개의 고무줄로 힘의 평형을 이해한다.

(2) 실험 개요

재질과 단면, 길이가 같은 고무줄 3개를 준비한다. 고무줄의 길이를 1cm 늘리는데 필요한 힘을 1N이라고 임의로 가정하자. 고무줄을 3cm 늘리는 데에는 3N, 4cm 늘리는 데에는 4N, 5cm 늘리는 데에는 5N의 힘이 필요하다. 고무줄을 늘이는 과정에서 고무줄의 재질과 탄성에 변화가 없다고 가정하고 힘의 합성과 분해에 관한 몇 가지 실험을 하도록 한다.

(3) 실험준비물

- 재질과 단면, 길이가 같은 고무줄 3개
- 원형고리
- 막대자
- 각도계
- 그리드선이 그려진 종이

(4) 실험 설치와 진행방법

실험 1 ▎ 원형고리를 중심으로 양방향으로 잡아당기기

① 그림 3.4와 같이 원형고리의 한쪽에 고무줄 A, B를 묶고 반대쪽에 고무줄 C를 묶는다.

② 고무줄 A는 3cm 잡아당기고, 고무줄 B는 5cm 잡아당긴다.

③ 고무줄 C의 길이를 측정하여 늘어난 길이가 8cm(3cm+5cm)인지 확인한다. 재질과 단면과 길이가 같으므로 단위길이당 늘어나는데 필요한 힘은 같아야 한다. (고무줄이 늘어나도 재질에 변화가 없다는 가정 상의 오차로 인하여 약간의 차이는 있을 수 있음)

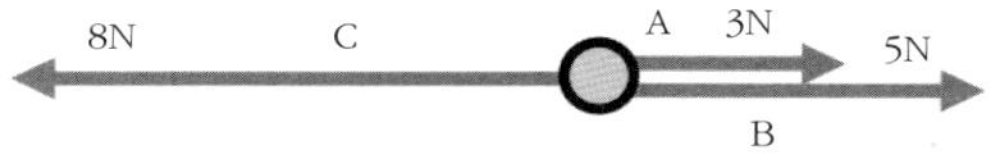

그림 3.4 세 힘의 평형실험-1

실험 2 ▎ 원형고리를 중심으로 3방향으로 잡아당기기

① 그림 3.5와 같이 원형고리의 세 방향에 고무줄 A, B, C를 묶는다.

② 고무줄 A는 3cm 잡아당기고, 고무줄 B는 4cm 잡아당긴다.

③ 고무줄 A와 B의 사이각이 90°가 되게 조정한다.

④ 고무줄 C의 길이가 5cm인지 확인한다.

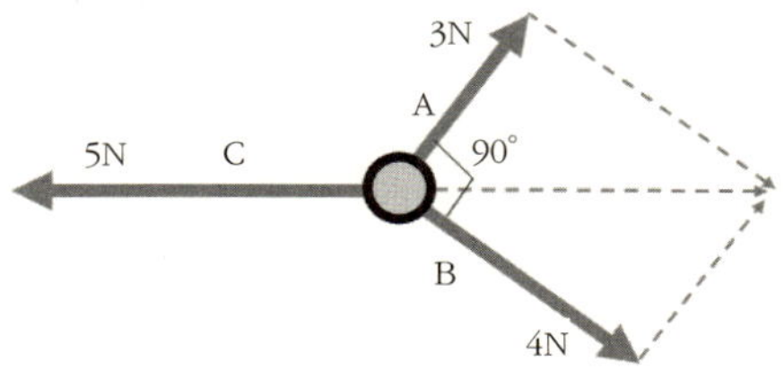

그림 3.5 세 힘의 평형실험 - 2

실험 3 ▌ 원형고리를 중심으로 고무줄을 임의의 길이와 각도로 잡아당기기

① 원형고리의 3방향에 고무줄 A, B, C를 묶는다.

② 고무줄 A, B, C를 임의의 길이 또는 임의의 각도로 잡아당긴다.

③ 임의의 길이와 각도로 평형을 이루고 있는 상태에서 고무줄의 늘어난 길이와 각도를 계측한다.

④ ②와 ③에 의한 여러 가지 경우에 대하여 고무줄 A, B, C의 늘어난 길이와 각도를 그리드선이 그려진 종이에 힘벡터로 표시한다.

⑤ 두 힘의 합력이 다른 하나의 힘과 크기가 같고 방향이 연직선상에 있는지 확인한다.

실험에 필요한 기본가정

- 고무줄의 재질은 모두 같다.
- 고무줄의 단면은 처음부터 끝까지 일정하다.
- 고무줄은 길이가 늘어나는 동안 탄성이 변화하지 않는다.

4_ 바리뇽의 정리

4.1 바리뇽(Varignon)의 정리

여러 힘의 합력에 대한 크기와 방향은 "3장 힘의 분해와 합성"에서 학습한 방법으로 구하고, 합력의 작용점 위치는 바리뇽의 정리를 이용하여 구할 수 있다. 바리뇽의 정리는 다음과 같다.

> 물체에 작용하는 여러 힘에 의한 각각의 모멘트 합은 이들 여러 힘의 합력에 의한 모멘트와 같다.

- 바리뇽의 정리 증명

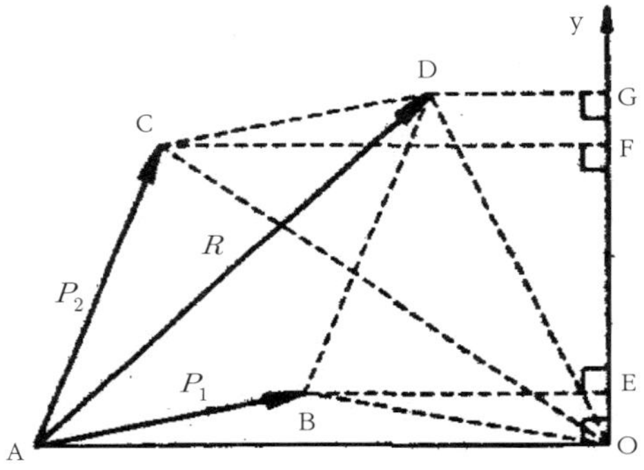

그림 4.1 바리뇽의 정리 증명

1) 그림 4.1에서 한 점 A에 작용하는 두 힘 P_1, P_2의 합력 R을 평행사변형의 법칙에 의해 나타내고, 점 O와 점 A를 연결
2) 점 O를 통과하며 OA에 직각인 선 oy를 긋는다.
3) B, C, D의 각 점으로부터 oy에 내린 수선의 발을 각각 E, F, G라 한다.
4) $\overrightarrow{AB}$, $\overrightarrow{AC}$ 및 $\overrightarrow{AD}$의 점 O에 대한 모멘트를 각각 M_1, M_2 및 M이라 하면,

   $M_1 = 2\times \triangle ABO = \overline{AO}\times\overline{OE}$, $M_2 = 2\times\triangle ACO = \overline{AO}\times\overline{OF}$

   $$M = 2\times\triangle ADO = \overline{AO}\times\overline{OG}$$
5) $\overline{OE} = \overline{FG}$ 이므로, $\overline{OE}+\overline{OF} = \overline{OE}+\overline{EG} = \overline{OG}$
6) $M_1 + M_2 = \overline{AO}\times\overline{OE} + \overline{AO}\times\overline{OF} = \overline{AO}\times(\overline{OE}+\overline{OF}) = \overline{AO}\times\overline{OG} = M$

예제 ▌ 1) O점에 작용하는 각각의 힘에 의한 모멘트 계산

$M_{o1} = (2\text{kN}\times 2\text{m})+(2\text{kN}\times 3\text{m})+(2\text{kN}\times 4\text{m})$

$= (4+6+8)\text{kN}\cdot\text{m}$

$= 18\text{kN}\cdot\text{m}$

2) O점에 작용하는 합력의 힘에 의한 모멘트 계산

$M_{o2} = 6\text{kN}\times x\,\text{m} = 18\text{kN}\cdot\text{m}$

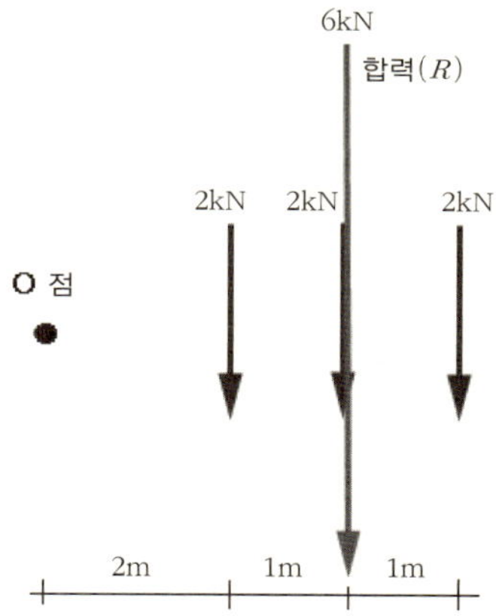

합력의 크기는 구할 수 있으므로 합력의 위치는 이 바리뇽의 정리를 이용해 구할 수 있게 된다. 즉 아래의 식에 의해 구할 수 있다.

$M_{o1} = M_{o2}$에서, $18\text{kN}\cdot\text{m} = 6\text{kN}\times x\,\text{m}$

$\therefore\ x = \dfrac{18}{6} = 3\text{m}$ (O점에서 우측으로 3m 떨어진 곳)

4.2 실험학습

4.2.1 실험학습-1 : 합력의 작용점 위치

(1) 실험 목적

바리뇽의 정리와 합력의 위치를 구하는 방법에 대하여 이해함.

(2) 실험 개요

물체에 작용하는 여러 힘의 합력 위치는 물체가 평형을 이루게 하는 반력의 위치와 같음에 착안하여 실험학습을 계획한다. 1m 길이의 막대에 3개의 줄을 원하는 위치에 묶고, 아래에 각기 다른 질량추를 매단다. 질량추가 매달린 막대는 아래로 낙하하려 한다. 새로운 줄을 하나 준비하여 막대에 느슨하게 묶은 다음 천장(또는 책상)에 매단다. 천장에 매달린 막대는 평형을 이루면 수평을 유지하고, 평형을 이루지 못하면 좌우의 힘이 균형을 이루지 못하여 회전하게 된다. 천장에 매달린 줄에 작용하는 힘은 막대와 질량추의 무게(힘)에 대한 상향의 반력이다.

막대가 회전에 대하여 평형을 이루지 못하면, 천장에 매달린 줄의 위치를 좌우로 조정하여 막대가 수평을 이루는 위치를 찾는다. 막대가 수평을 이루게 하는 줄의 위치가

바로 하향으로 작용하고 있는 여러 힘에 대한 합력의 위치가 된다. 이 때, 나무막대의 무게도 하향의 힘으로 작용하고 있으므로 막대의 자중도 고려하여야 한다.

(3) 실험준비물

- 재질과 단면이 일정한 막대(나무막대, 목봉, 플라스틱 막대, 강봉 등)
- 질량추와 막대를 매달 수 있는 줄 여러 개
- 질량추
- 줄자

(4) 실험방법

① 그림 4.2와 같이 1m 길이 막대의 양쪽 끝과 중앙에 실을 묶고 왼쪽 끝에는 100g 질량추, 중앙과 오른쪽 끝에는 200g 질량추를 매단다.

② 1m 길이의 중앙점 근처에 다른 하나의 실을 묶고 이것을 천장(또는 책상)에 매단다.

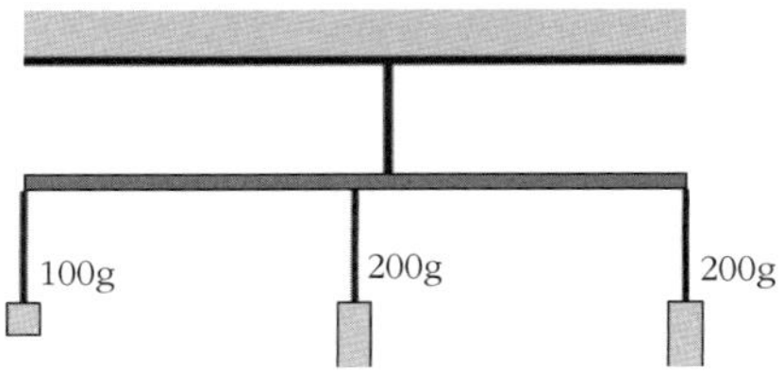

그림 4.2 바리뇽의 정리 실험

③ 천장에 매다는 실의 위치를 조정하여 막대가 좌우 평형을 이루도록 한다. (왼쪽에서 약 60cm 내외 떨어진 곳에서 평형을 찾을 수 있다)

④ 막대가 평형을 이루는 상태에서 각 실의 위치를 정확히 계측한다.

⑤ 막대의 무게를 계측하여 단위길이당 등분포하중을 계산한다.

⑥ 막대에 작용하는 여러 가지 힘에 대하여 자유물체도를[13] 그린다.

⑦ 막대의 자중과 아래로 늘어뜨린 3개의 추에 의한 무게가 천장에 매달린 실의 반력과 평형을 이루는지 바리뇽의 정리로 확인한다.

• 추가학습 | 바리뇽의 정리 이해를 위한 보충 실험

- 질량추의 무게를 여러 가지 경우로 실험해본다.
- 질량추의 위치를 바꾸어본다.

---

13) 평형상태에 있는 구조물에 대하여 작용하고 있는 외력과 반력(또는 내력)의 관계를 간단한 그림으로 표시한 것을 자유물체도(Free Body Diagram)라 한다.

PART 2

정정구조와 부정정구조

5_ 정정구조물과 부정정구조물

5.1 안정(Stability)과 불안정(Unstability)

구조물이 임의의 하중을 받더라도 이동하거나 회전하지 않고 유한한 지점반력과 부재력으로서 힘의 평형상태를 유지하고 있는 것을 안정이라 한다. 이에 반하여 그림 5.1과 같이 구조물이 힘을 받게 되면 평형상태를 이루지 못하고 이동 또는 회전하게 되는 경우를 불안정이라 한다. 안정과 불안정은 다시 외적안정/외적불안정과 내적안정/내적불안정으로 나눌 수 있다.

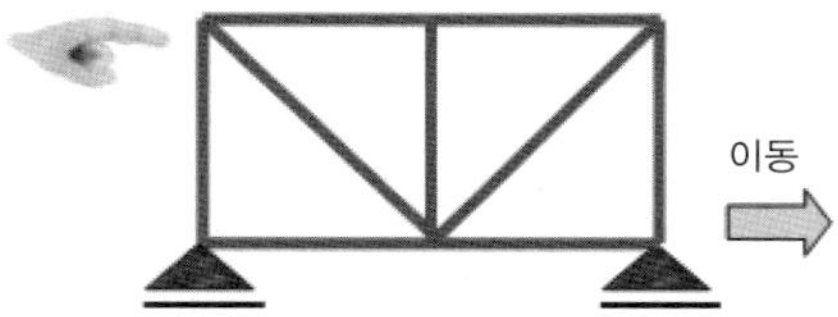

그림 5.1 불안정 구조물

- 외적안정과 외적불안정 : 외력에 대해 구조물 전체가 이동 또는 회전하지 않는 경우를 외적안정이라 하고 그렇지 못한 경우를 외적불안정이라 한다. 즉 구조물의 위치가 변하지 않는 경우를 외적안정이라 한다. 그림 5.2와 같이 바람에 의해 건물이 통째로 전도되거나 사진 5.1과 5.2에서와 같이 유속이나 기타 요인에 의하여 구조물 전체가 전도되는 현상은 외적불안정에 해당하고, 아무 이상 없이 정상적으로 자립하고 있는 구조물은 외적안정에 해당한다.

사진 5.1 유속에 의한 교량의 전도

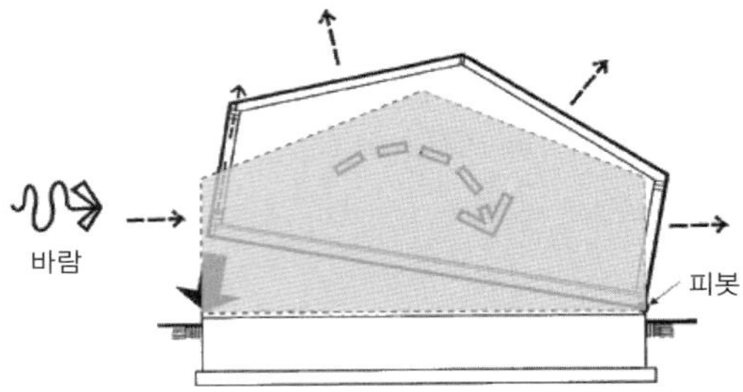

그림 5.2 바람에 의한 전도

사진 5.2 건물의 전도

- 내적안정과 내적불안정 : 외력에 대해 구조물 내부의 일부분이 이동 또는 회전하지 않는 경우를 내적안정이라 하고 그렇지 못한 경우를 내적불안정이라 한다. 즉 구조물의 형상이 변형되지 않는 경우를 내적안정이라 한다.

그림 5.3(a)는 대각선 가새로 보강되어 있어서 횡력이 작용하여도 큰 변형이 일어나지 않는 안정한 구조물이고, 그림 5.3(b)는 2층 라멘의 접합부가 모두 힌지로 되어 있어서 약간의 횡력만 작용하여도 큰 변형이 일어나는 내적불안정 구조물이다. 사진 5.3은 불안정 구조물의 사례이다.

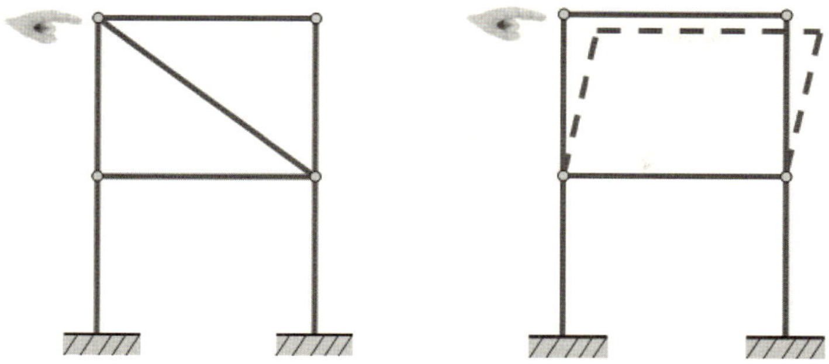

(a) (b)

그림 5.3 골조구조물의 내적안정과 내적불안정

사진 5.3 불안정 구조물의 사례

5.2 정정과 부정정

구조역학에서 다루는 구조물은 모두 안정한 구조물을 대상으로 한다. 안정한 구조물 중에서 힘의 평형조건만으로 구조물의 지점반력과 부재력을 구할 수 있는 경우를 정정(Statically Determinate)이라 하며 그렇지 않은 경우를 부정정(Statically Indeterminate)이라 한다. 부정정구조물의 경우는 힘의 평형조건에 더하여 처짐이나 처짐각 등의 변형 및 적합조건을 응용하여야 지점반력과 부재력을 구할 수 있다.

정정구조물은 구조물의 구조적인 기능 유지를 위해 최소한의 조건으로 안정을 취하고 있는 구조물로서 지지단이나 부재에 손상이 발생하면 구조물의 구조적 기능을 상실하게 되는 불안정 상태로 들어간다. 이에 반하여 부정정구조물은 구조적인 기능유지를 위해 필요한 최소한의 조건보다 더 많은 잉여의 부재 또는 구속조건을 갖고 있어서 지지단이나 부재에 손상이 발생하더라도 인접하는 부재 또는 구조물의 전체적인 시스템으로 힘을 재분배하고 형상을 유지할 수 있는 잉여의 여력조건을 갖고 있는 구조물이다.

정정구조물과 부정정구조물의 구조적인 특징을 간단히 정리하면 다음과 같다.

- 응력 : 같은 외력이 작용한 경우에서 부정정구조물의 최대응력은 정정구조물보다 작다.
- 강성[14] : 부정정구조물의 강성은 정정구조물보다 크다.(즉, 변형이 더 적다)
- 부정정도(Redundancy) : 부정정구조물은 특정 부재에 손상이 있어도 하중의 재분배에 대한 여력이 있다. 따라서 어느 한 부분이 손상되더라도, 구조물 전체가 붕괴되는 것이 아니라 하중이 인접부분으로 재분배되어서 구조물의 형상을 유지할 수 있는 여력이 있다. 구조물에 있는 여력의 차수를 부정정도(Redundancy)라 한다.

표 5.1은 단순지지의 정정구조물과 양단고정의 부정정구조물에 대한 사례이다. 부정정구조물인 양단고정보의 경우 단순보에 비하여 휨모멘트는 1/2이고, 중앙부 최대처짐은 1/4밖에 되지 않는다.

표 5.1 정정구조물과 부정정구조물의 비교

	정정구조물 (단순보)	부정정구조물 (양단고정보-3차부정정)
구조물 형상	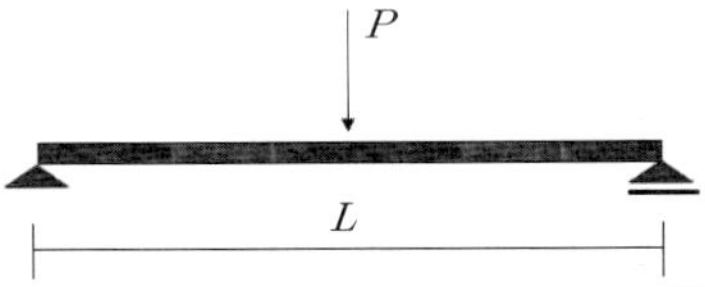	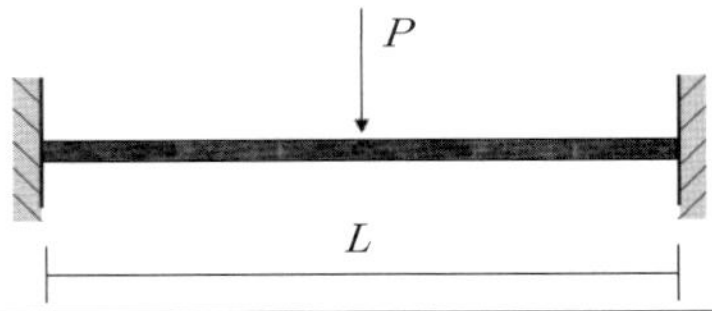
휨모멘트도 (응력)	$M_{max} = \frac{PL}{4} = 2\times\left(\frac{PL}{8}\right)$ 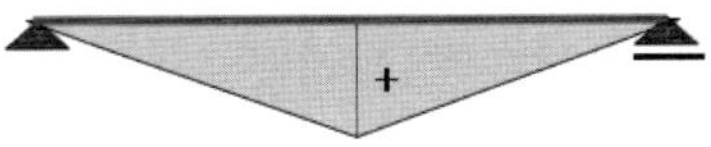	$M_{max} = \frac{PL}{8}$ 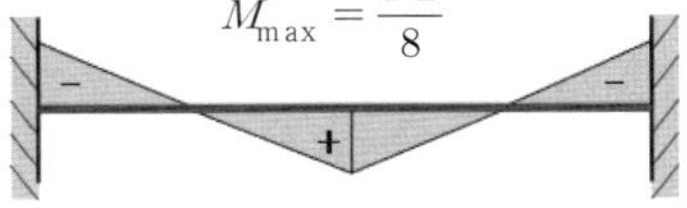
부재의 처짐	 $\delta_1 = \frac{PL^3}{48EI}$	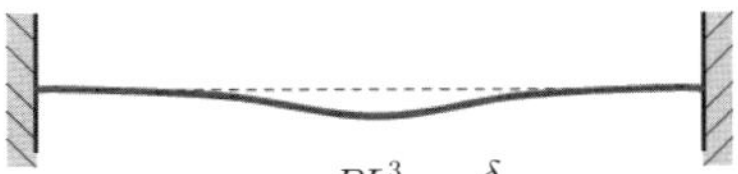 $\delta_2 = \frac{PL^3}{192EI} = \frac{\delta_1}{4}$
부재의 변형	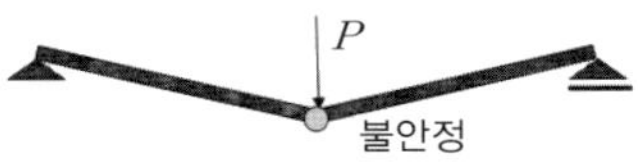	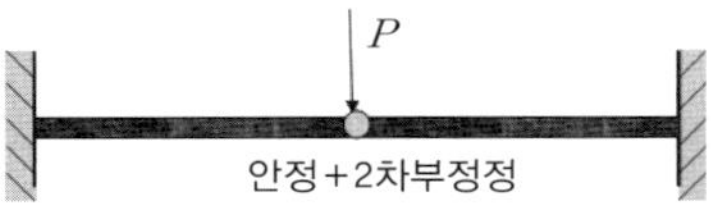

14) 강성은 변형에 대한 저항성능으로서 강성이 크면 변형이 적게 발생한다.

그리고 정정보의 경우는 과도한 하중에 의해 부재의 중앙부가 항복하여 힌지점이 만들어지기만 하면 한쪽 단이 이동단이므로 바로 붕괴가 진행되는 데 반하여 양단고정보의 경우는 중앙부에 힌지점이 만들어지더라도 양단이 고정단이므로 여전히 하중지지 능력을 갖고 있다. 이 상태에서도 양단고정보는 2차부정정으로서 더 많은 힘을 지지할 수 있는 여력을 갖고 있다.

참고로, 그림 5.4와 그림 5.5는 실제 구조물의 역학계를 간단한 그림 모형으로 표현한 사례이다. 이와 같은 방법으로 대표적인 정정구조물과 부정정구조물의 사례를 살펴보면 그림 5.6과 같다.

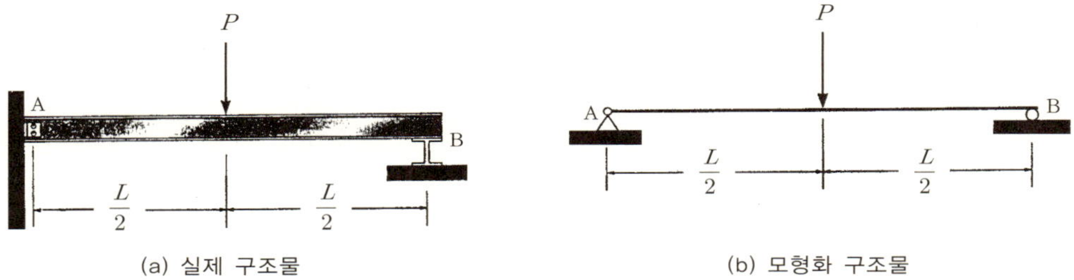

그림 5.4 단순보형 구조물의 모형화

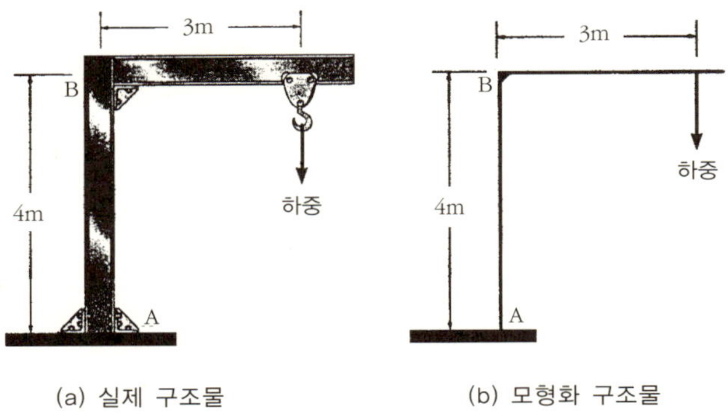

그림 5.5 캔틸레버형 구조물의 모형화

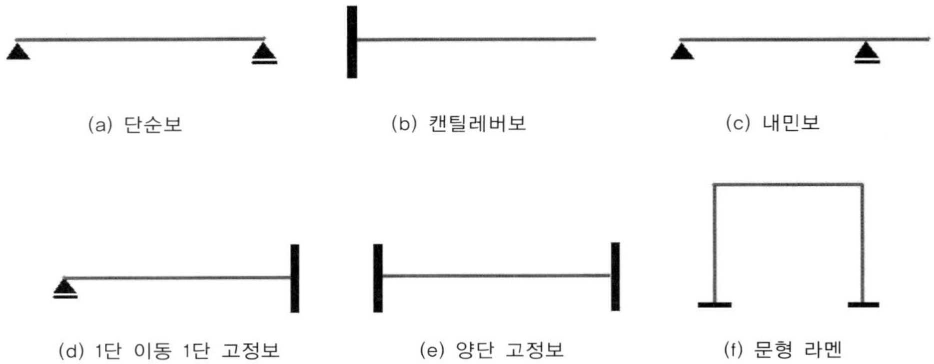

그림 5.6 정정구조물(a, b, c)과 부정정구조물(d, e, f)의 종류

5.3 구조물의 판별법

다음에 제시된 식을 사용하면 구조물이 안정인지 불안정인지, 안정이면 정정구조물인지 부정정구조물인지를 판별할 수 있다. 그리고 부정정구조물의 부정정 차수까지 쉽게 판별할 수 있다. 수식에 사용된 기호는 수식의 이해를 위하여 기호의 본래 의미에서 추출하였다.(R = error $- 2j$로 암기하면 편리하다.)

$$R = e + r_1 + r_2 - 2j$$

- R : 부정정 차수(Redundancy)
  - · $R < 0$: 불안정 구조물
  - · $R = 0$: 정정구조물
  - · $R > 0$: 부정정구조물($R = n$: n차 부정정구조물)
- e : 부재수(Element)
- r_1 : 반력수(Reaction)
- r_2 : 강접합 부재수(Rigid joint member)
- j : 절점수(Joint)

5.3.1 판별식 활용의 주의사항

- **부정정차수 R** : 판별식의 값 R이 0 이상이면 정정 또는 부정정구조물인데, 경우에 따라서는 이 값이 0 이상이라 하더라도 불안정구조물인 경우가 있다. 그림 5.7(a)

와 같이 지지된 구조물을 보자. 지점 반력수는 4개이지만 횡력에 의해 이동할 수 있기 때문에 불안정이다. 그림 5.7(b)의 경우도 모멘트 M에 의해 회전을 일으키기 때문에 불안정이다.

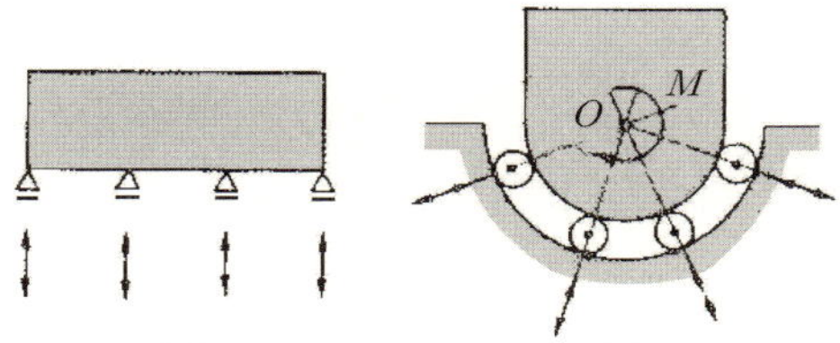

(a) (b)

그림 5.7 불안정구조물

판별식으로 살펴보자. 그림 5.8의 〈사례-1〉과 〈사례-2〉는 모두 판별식의 결과가 0이므로 정정구조물이라 생각할 수 있으나, 힘과 변형의 관계를 잘 살펴보면 사례-1은 모든 지지단이 이동단으로 되어 있어서 수평이동이 가능하고, 사례-2는 구조물의 전체 형상이 크게 변형하게 되는 불안정구조물임을 알 수 있다. 사례-1은 외적불안정이고, 사례-2는 내적불안정에 해당한다.

사례-1

$R = \text{err} - 2j = 2 + 3 + 1 - 2 \times 3 = 0$ ➜ 정정구조물?

사례-2

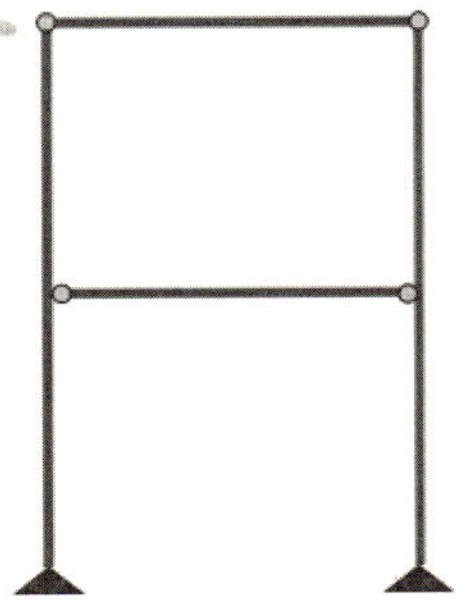

$R = \text{err} - 2j = 6 + 4 + 2 - 2 \times 6 = 0$

➜ 정정구조물?

그림 5.8 판별식의 값이 0인 불안정구조물

- **반력수** r_1 : 구조물의 지지단에서 발생 가능한 모든 반력의 총 수이다. 그림 5.9와 같이 고정단은 수평반력, 수직반력 및 모멘트반력으로 구성되는 총 3개의 반력이

있을 수 있고, 회전단은 수평반력과 수직반력으로 구성되는 총 2개의 반력이 있을 수 있고, 이동단은 수직반력 1개만 있을 수 있다, 자유단은 수평, 수직 변위와 회전 변형이 모두 허용되므로 반력이 없다. 구조물을 지지하는 모든 지지단에 대하여 각각의 반력수를 구하고 이들의 합을 r_1로 한다.

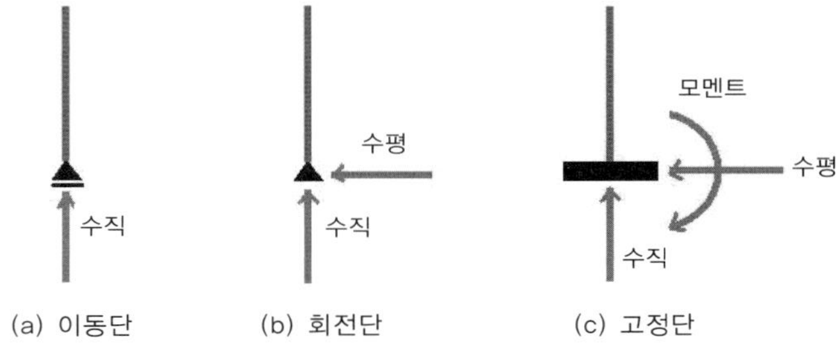

그림 5.9 지점의 종류와 반력의 개수

- 강접합 부재수 r_2 : 강접합은 절점에서 부재와 부재 간에 회전이 일어나지 않도록 강하게 접합된 것으로서, 강접합 부재수는 강접합으로 접합되는 부재의 수에서 모재를 제외한 수를 말한다. 어느 한 부재를 기준으로 하여 다른 부재가 강접합되는 것이므로 기준이 되는 모재는 제외한다. 그림 5.10의 A와 같이 어느 한 절점에서 3개의 부재가 서로 강접합된다면, 이중 한 부재는 기준이 되는 모재이므로 판별식에 필요한 강접합 부재수은 2가 된다. 구조물에 있는 모든 강접합 수를 더하여 r_2 값을 구한다.

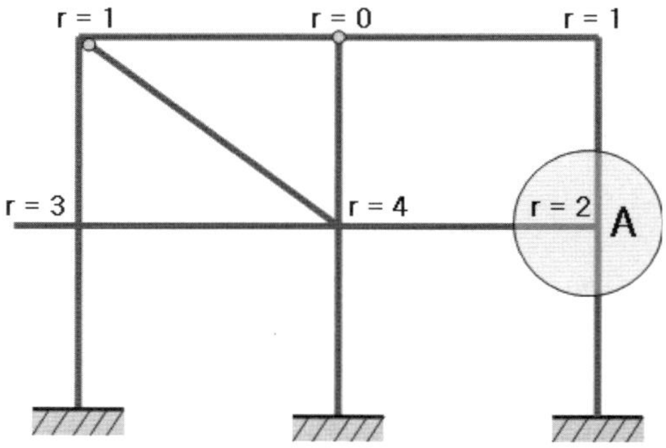

그림 5.10 강접합수의 계산

- **절점수** j : 절점수는 구조물에 있는 모든 절점수로서 부재의 접합점이나 지지단의 수이다. 부재 중간에 있는 힌지[15]도 절점이고, 캔틸레버의 자유단도 절점에 해당한다.

5.3.2 정정–부정정 판별의 몇 가지 요령

구조물의 정정, 부정정 여부는 판별식을 이용하여 구할 수 있으나 경우에 따라서는 구조물의 형상조건으로부터 간편하게 부정정차수를 구할 수도 있다.

그림 5.11의 사례를 살펴보자. 그림 5.11(a)의 구조물은 다음과 같은 판별식의 계산과정을 통하여 18차 부정정구조물임을 알아낼 수 있는데, 이보다 간편한 방법이 있다.

$$\begin{aligned} R &= err - 2j \\ &= 14 + (3\times4) + (2+1+2+3)\times2 - 2\times12 \\ &= 14 + 12 + 16 - 24 = 18 \end{aligned}$$

구조물의 부재를 1개소 절단하면 부정정 차수는 3차씩 줄어드는 성질을 이용하면 된다. 그림 5.11(a) 구조물의 수평부재 6개를 중간에서 절단하면 그림 5.11(b)와 같은 4개의 캔틸레버 구조물로 변환된다. 즉 부정정구조물에서 정정구조물로 변환시키기 위해서는 부재 6개소의 절단을 필요로 하였다. 부재를 1개소 절단할 때마다 부정정 차수 3차가 감소되므로 6개 부재를 절단하면 부정정 차수 18차가 감소한다. 따라서 본래 구조물은 18차 부정정구조물이었음을 간편하게 알아낼 수 있다.

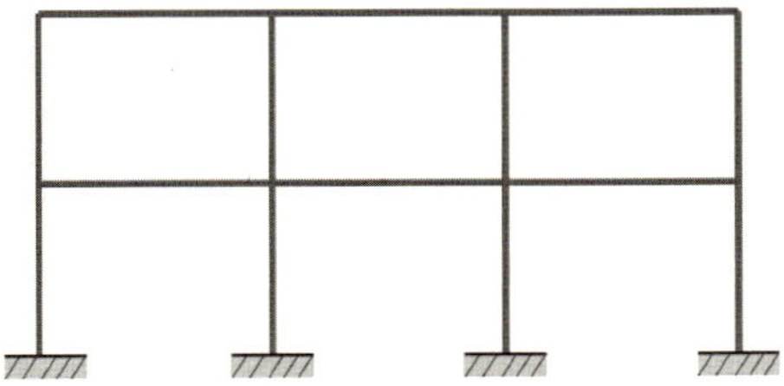
(a) 18차 부정정구조물

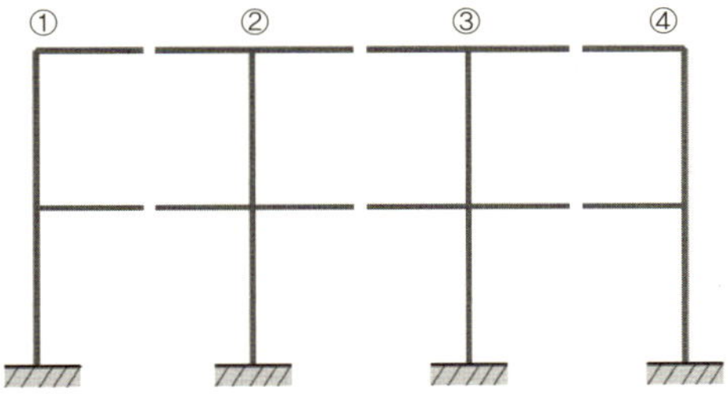

(b) 4개의 정정구조물

그림 5.11 부정정구조물의 간편 계산 사례

---

15) 책에 따라 힌지절점, 활절, 활절점, 피봇(Pivot) 또는 핀접합이라 하기도 한다.

몇 가지 특징적인 경우를 정리하면 다음과 같다. 이와 같은 조건을 그림으로 확인하면 그림 5.12와 같다.

- 부재 중간을 1개소 절단할 때마다 부정정차수는 3차 감소한다.
- 부재 중간에 힌지절점을 넣으면 부정정 차수는 1차 감소한다.
- 부재의 이동지지단을 제거하면 부정정 차수는 1차 감소한다.
- 부재의 회전지지단을 제거하면 부정정 차수는 2차 감소한다.
- 부재의 고정지지단을 제거하면 부정정 차수는 3차 감소한다.
- 부재의 고정지지단을 회전지지단으로 변경하면 부정정 차수는 1차 감소한다.
- 부재의 고정지지단을 이동지지단으로 변경하면 부정정 차수는 2차 감소한다.
- 부재의 회전지지단을 이동지지단으로 변경하면 부정정 차수는 1차 감소한다.

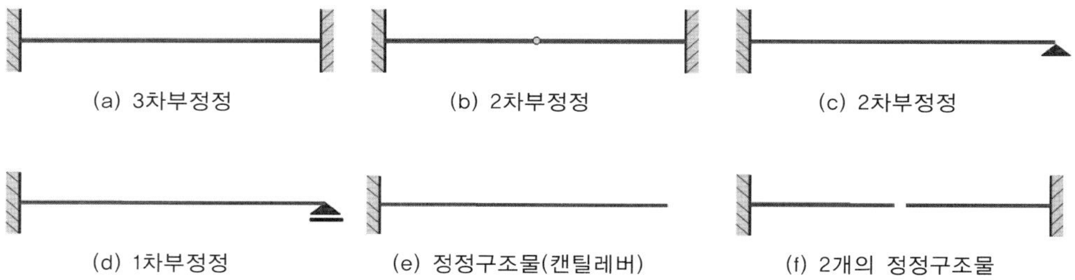

그림 5.12 지지단과 절점조건에 따른 부정정도의 변화

5.4 실험학습

5.4.1 실험학습-1 : 정정구조물과 부정정구조물의 강성실험

(1) 실험목적

정정구조물과 부정정구조물의 응력과 강성 차이를 이해한다.

(2) 실험개요

단순보 정정구조물과 1차부정정보 구조물 2가지의 경우에 대하여 처짐량을 비교한다. 두 경우에 있어서 부재의 재질과 형상제원은 동일하게 한다.

(3) 실험 준비물

- 두께 5mm 우드락으로 만든 막대보 2개

- 고정단 구성용 클램프
- 회전단과 이동단을 구성할 수 있는 장치
- 처짐을 계측하기 위한 막대자
- 질량추

(4) 실험 설치 및 진행 방법

① 우드락 막대 1개는 단순보의 정정구조물로 만든다.

② 다른 우드락 막대 1개는 한 쪽 단을 고정단으로 하고 다른 한 쪽 단을 이동단으로 만들어서 1차부정정구조물이 되게 한다.

③ 질량추를 부재의 중앙에 매달아 부재의 최대처짐을 계측하고 비교한다.
부재의 물성(E, I)[16]을 알 수 있으면 수식적으로도 최대처짐을 계산하여 실험값과 비교한다.

④ 부정정보의 이동단을 회전단으로 변화시킨 경우의 최대처짐을 계측한다.

⑤ 부정정보의 이동단을 고정단으로 변화시킨 경우의 최대처짐을 계측한다.

⑥ 정정구조물, 1~3차 부정정보의 강성변화에 대하여 분석하고 토론한다.

5.4.2 실험학습-2 : 구조물의 부정정도 실험

(1) 실험목적

부정정구조물의 부정정도(Redundancy)에 대하여 이해한다.

(2) 실험개요

단순보 정정구조물과 1차부정정보 구조물 2가지 경우를 만들고, 지지단을 변화시키거나 부재에 힌지를 삽입하였을 때에 대한 구조적 변화를 관찰한다. 두 경우에 있어서 부재의 재질과 형상제원은 동일하게 한다.

---

16) E(탄성계수) : 부재의 변형정도를 나타내는 계수로서 탄성재료의 응력도(σ)를 변형도(ε)로 나눠 구할 수 있다.(7장 참조)
I(단면2차모멘트) : 부재의 휨, 전단, 좌굴 성능 등에 큰 영향을 미치는 단면의 성질로서 이 값이 크면 부재의 제반 성능이 좋아진다고 생각하면 된다.(11장 참조)

(3) 실험 준비물

- 두께 5mm 우드락으로 만든 막대보 2개
- 고정단 구성용 클램프
- 회전단과 이동단을 구성할 수 있는 장치
- 처짐을 계측하기 위한 막대자
- 부재의 중간을 힌지점으로 만들기 위한 칼
- 질량추

(4) 실험 설치 및 진행 방법

① 우드락 막대 1개는 단순보의 정정구조물로 만든다.

② 다른 우드락 막대 1개는 한 쪽 단을 고정단으로 하고 다른 한 쪽 단을 이동단으로 만들어 1차부정정구조물이 되게 한다.

③ 질량추를 부재의 중앙에 매단다.

④ 단순보의 중앙 하부를 칼로 2/3 정도 잘라내어 힌지점이 되도록 한 상태에서 질량추를 매단 경우의 구조 변형거동을 관찰한다.

⑤ 1차부정정보의 중앙 하부를 칼로 2/3 정도 잘라내어 힌지점이 되도록 한 상태에서 질량추를 매단 경우의 구조 변형거동을 관찰한다.

⑥ 단순보의 이동단을 제거한 상태에서 질량추를 매단 경우의 구조 변형거동을 관찰한다.

⑦ 1차부정정보의 이동단을 제거한 상태에서 질량추를 매단 경우의 구조 변형거동을 관찰한다.

⑧ 정정구조물과 1차부정정보의 실험결과에 대하여 분석하고 토론한다.

⑨ 2스팬 연속보 또는 양단고정보 등을 대상으로 유사한 실험도 추가로 해본다.

• **추가학습** | 안정과 안전

• 안정(Stability)

구조물이 이동 또는 회전하지 않고 큰 변형을 일으키지 않으며 힘의 평형상태를 유지하는 것을 안정(Stability)이라 한다. 불안정한 구조물은 힘을 받게 되면 이동 또는 회전할 수 있는 조건으로 되어 있는 구조물이다.

• 안전(Safety)

안전은 위험이나 사고에 관련한 용어이다. 구조물은 그 용도에 맞게 지속적으로 사용가능하기 위해서는 구조적으로 안전하게("튼튼하게") 설계되어야 한다. 안전하게(튼튼하게) 설계되어야 구조물의 사용 중에 파괴가 되지 않으므로 사람들은 구조물로 인한 사고의 위험으로부터 자유로울 수 있게 된다. 안전한 구조물을 만들기 위하여 구조설계 과정에서는 실제 필요한 정도보다 몇 배 튼튼하게 설계되도록 여러 가지 방법으로 구조적인 안전율을 확보하고 있다.

• **추가학습** | 다음 구조물의 정정/부정정을 판별해 보자.

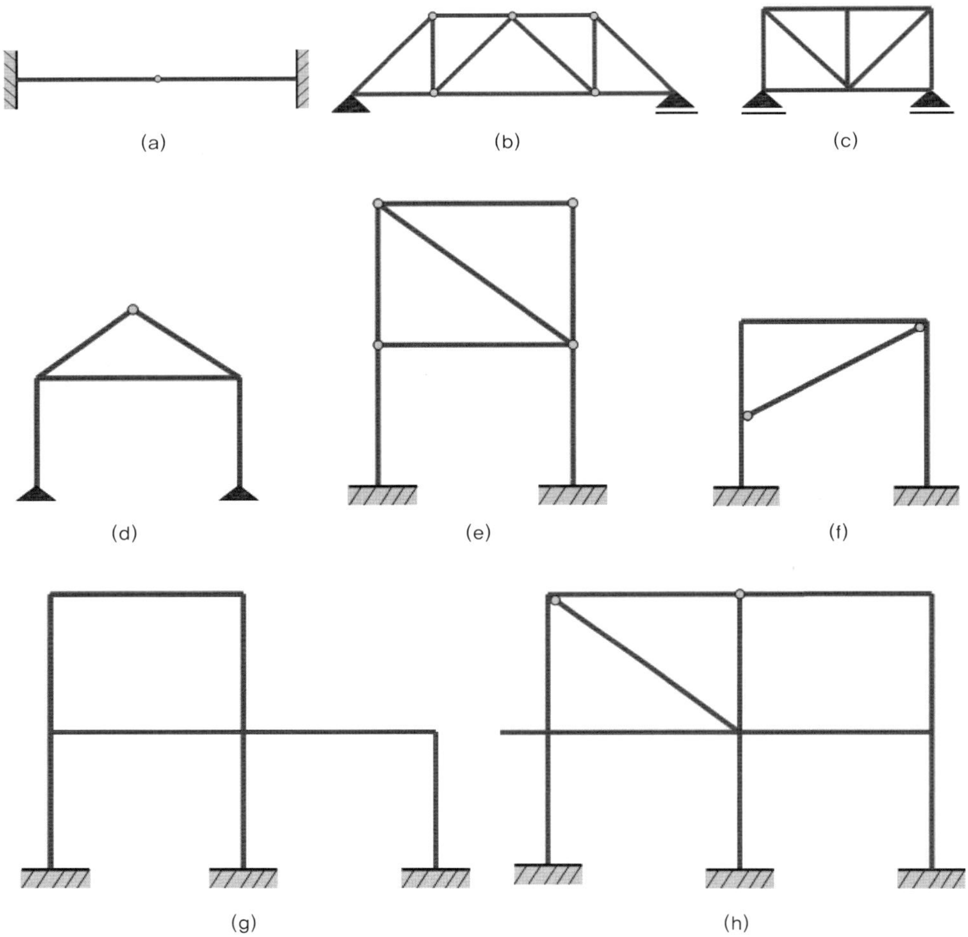

그림 5.13 구조물의 정정/부정정 판별 연습

PART 3

응력과 변형

6_ 응력과 응력도와 강도

6.1 응력(Stress)

사람(구조물)이 외부로부터 자극(외력)을 받으면 스트레스(응력)가 생긴다고 한다. 자극이 크면 클수록 스트레스가 커지고 그에 따른 반응(변형)도 점차 커지게 된다. 그리고 그 크기가 한계값을 넘어서게 되면 폭력이나 자살(파괴)과 같은 극단적인 행동으로 넘어가게 된다.

구조물도 이와 마찬가지이다. 구조물에 작용하는 외력이 자극에 해당하고 외력에 대응하여 부재 내부에서 저항하는 응력이[17] 스트레스에 해당한다. 구조물이 저항할 수 있는 최대 응력에 한계가 있는데 작용하는 외력이 이보다 크면 더 이상 대응할 수 있는 응력(스트레스)을 만들어내지 못하고 파괴되고 만다.

건물의 상부층 하중을 지지하고 있는 기둥의 단면이 상부하중에 저항하는 압축력도 응력이고, 바닥판의 하중으로 인하여 슬래브와 보에 생기는 처짐을 정지시키게 하는 휨모멘트도 응력이다. 건물이 무너지지 않는 것은 기둥에서 압축응력으로 지지하고 있기 때문이고, 건물의 바닥이 평평하여 사람들이 생활하기에 적합한 것은 슬래브와 보에서 휨모멘트로 저항하고 있기 때문이고, 바닥 위에 무거운 물건을 올려놓아도 구멍이 뚫리지 않은 것은 바닥판의 전단내력이 충분하여 전단외력(뚫림 전단)에 저항하고 있기 때문이다. 그림 6.1은 캔틸레버보에 등분포하중이 작용하고 있는 상황이다. 작용하는 하

17) 물체에 외력이 작용하였을 때 이에 대한 반작용으로 대응하여 생기는 힘을 응력이라 한다.

중에 대하여 지지단에서 R_1과 M_1의 지지단 반력이 있고, 부재 내부에서는 전단력과 휨모멘트 부재력으로 저항하고 있다.

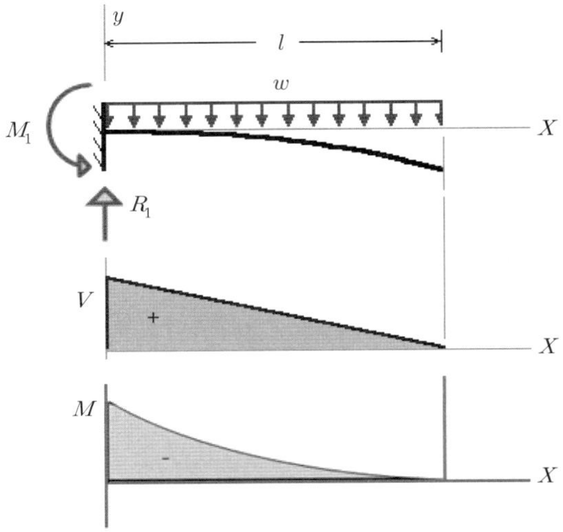

그림 6.1 등분포하중에 의한 반력과 부재력

바닥판이 살얼음판이라고 생각해 보자. 살얼음판 위에 발을 내디디면 그 자리에 구멍이 뚫리게 된다. 바로 전단파괴이다. 두부를 길게 잘라서 단순지지 보처럼 만들어 보자. 두부로 만든 보는 스스로의 자중도 지지하지 못하여 축 처지면서 이내 부러지고 만다. 휨파괴 또는 전단파괴가 일어난 것이다.

사람들이 사용하고 있는 모든 구조물은 여기에 작용하는 여러 가지 외력에 대하여 충분한 응력을 발휘할 수 있도록 튼튼하게 설계된 것이므로 처지거나 기울어지거나 무너지지 않고 정상적인 모양을 유지하는 것이다.

응력은 다른 말로 내력, 부재력, 단면력이라 하기도 한다.

- 응　력 : 외력에 대응하여 생긴 힘이라 하여 응력이라 한다.
- 내　력 : 외력에 대응하여 부재 내부에서 저항하는 힘이라 하여 내력이라 한다.
- 부재력 : 부재(기둥, 보, 슬래브, 기초, 벽 등)의 내부에서 외력에 저항하는 힘이라 하여 부재력이라 한다.
- 단면력 : 외력이 작용하면 부재의 단면에서 저항하는 힘이므로 단면력이라 한다.

6.2 응력(내력, 부재력, 단면력)의 종류

- 축방향력(Axial Force) : 부재의 축방향력으로 작용하는 힘에 대하여 부재단면에 생기는 힘으로서 인장응력과 압축응력이 있다. 부재축을 압축시키려는 압축력(Compressive Force)에는 압축응력이 생기고, 부재축을 인장시키려는 인장력(Tensile Force)에는 인장응력이 생긴다.

기둥에 작용하는 상부의 하중은 기둥을 압축시키려 하므로 기둥에는 압축에 저항하는 응력이 생기게 되고, (그림 6.2) 현관의 캐노피를[18] 매달고 있는 강봉에는 강봉을 인장시키려는 힘에 저항해야 하므로 인장응력이 생기게 된다. 그림 2.5(a),(b)와 같은 고무줄과 스프링은 하부의 하중에 의해 인장되고, 고무줄과 스프링의 단면 내에는 이에 저항하는 인장응력이 생기게 된다.

- 전단력(Shear Force) : 크기가 같고 부재축에 직교하는 한 쌍의 두 힘으로 부재를 절단하려는 힘을 전단력이라 하며 수평과 수직 전단력이 있다. 종이를 자르는 가위는 대표적인 전단력의 사례이다. 지진으로 건물의 기둥이 부러지는 것도 전단력에 의한 것이며, 바닥판에 구멍이 뚫리는 것도 전단력의 사례이다.

바닥판을 지지하는 보는 수평방향인데 보에 작용하는 하중은 부재축에 연직인 중력방향의 힘이다. 보의 단면이 발휘할 수 있는 전단내력이 충분하면 전단력에 의한 파괴는 일어나지 않지만 전단내력이 부족하면 전단파괴가 일어날 수 있다. 지면에 수직으로 설치되는 기둥에도 전단력은 작용한다. 태풍이나 지진력은 일반적으로 수평방향으로 작용하므로 기둥의 입장에 있어서는 부재축에 직교하는 힘이 되는 것이다.

그림 6.2 기둥의 축방향 응력

그림 6.3 휨모멘트 부재력의 저항

18) 비나 눈이 들이치지 않게 현관 위에 돌출시킨 것. 또는 건물과 건물 사이의 옥외 공간 상부를 아크릴, 유리 또는 천막으로 덮어서 외부 기상에 보호될 수 있게 한 것

- **휨모멘트(Bending Moment)** : 모멘트는 힘×거리로서 물체에 모멘트가 작용하면 물체는 회전하거나 휘게 된다. 건물에서 적재물을 지지하고 있는 바닥판에는 하중으로 인한 휨모멘트가 작용하고 있고, 바닥판 내부에서는 이에 저항하는 내력의 휨모멘트가 반력으로 저항하고 있다. 만약 바닥판이 지지할 수 있는 휨모멘트 내력이 부족하면 바닥판은 처짐을 계속하다가 휨파괴가 일어나고 만다.

  그림 6.3의 금문교에서 현수케이블이 없다면 교량의 상판은 자중으로 인한 휨모멘트로 아래로 심하게 처지게 되고 최종적으로는 휘어짐을 견디지 못하여 휨파괴가 일어나게 된다.

  그림 6.4는 건물에서 생기는 부재응력의 대표적인 사례이다. 자중이나 외력에 대응하여 부재에는 전단력, 휨모멘트, 축방향력 등의 응력이 외력에 저항하면서 부재의 온전한 형상을 유지하게 된다.

- **일반적으로 사용되는 응력(부재력)의 기호**
  - 축방향력 : N 또는 A(압축응력 : C, 인장응력 : T) (단위 : N, kgf)
  - 전 단 력 : V, S, Q(단위 : N, kgf)
  - 휨모멘트 : M(단위 : N · m, kgf · m)

그림 6.4 구조물에 생기는 응력

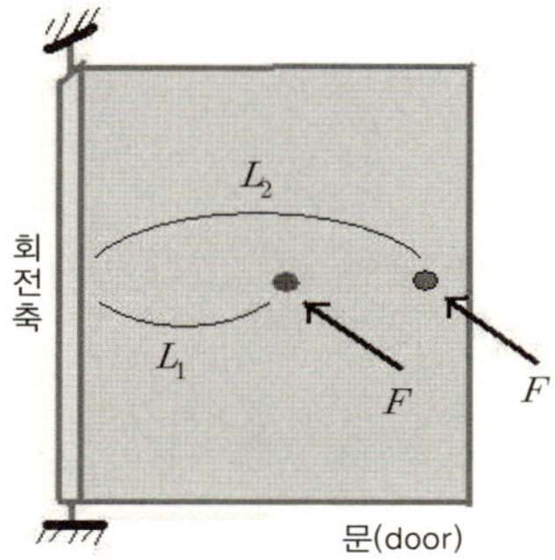

그림 6.5 모멘트 원리

모멘트는 회전능력을 나타내는 것으로서 모멘트가 크면 회전능력이 큰 것이고, 모멘트가 작으면 회전능력이 작은 것이다.

그림 6.5에서 바깥쪽 손잡이에 10N을 가한 것 보다는 20N을 가한 것이 경첩(Pivot)의 회전을 더 쉽게 하여 문을 더 쉽게 열 수 있다. 즉 모멘트는 힘의 크기에 비례한다는 것을 알 수 있다. 그러나 바깥쪽 손잡이에 10N을 가한 경우와 안쪽 손잡이에 10N을 가한 경우에는 힘의 크기가 같지만 바깥쪽 손잡이에 힘을 가한 경우가 안쪽 손잡이에 힘을 가한 경우보다 훨씬 더 쉽게 문을 열 수 있다. 따라서 모멘트는 힘의 크기와 힘의 작용점까지의 거리에 비례하는 것을 알 수 있다. 모멘트는 다음과 같이 구할 수 있다.

$$\text{모멘트}(M) = \text{힘} \times \text{거리}$$

동일한 힘으로 회전문을 밀더라도 회전축에서 멀리 떨어진 곳(L_2)에 손잡이를 다는 것이 회전축에서 가까운 곳(L_1)에 손잡이를 다는 것보다 문을 쉽게 여닫을 수 있다. 이것은 모멘트(힘×거리)의 원리를 응용한 것이다.

6.3 응력도(Stress Intensity)

응력도는 외력으로 인해 부재 단면에 생기는 응력을 단면적으로 나눈 값이다. 즉 단면에서 생기는 단위면적당 응력을 응력도라 한다. 응력의 종류에 따라 축방향응력도(압축응력도, 인장응력도), 전단응력도(전단응력도, 비틀림응력도), 휨응력도(압축측 휨응력도, 인장측 휨응력도) 등이 있다.

$$\sigma = \frac{P}{A}$$

축방향 응력도 : $\sigma = \frac{N}{A_c}$

전단응력도 : $\upsilon = \frac{V}{A_s}$

휨응력도 : $\sigma_b = \frac{M}{Z} = \frac{M}{I}y$

N : 축방향력
A_c : 부재단면적
A_s : 전단(剪斷)면적
V : 전단력
M : 휨모멘트
Z : 단면계수
I : 단면2차모멘트
y : 중립축에 대한 연단거

건설 실무에 있어서 응력도는 간단히 "응력"으로 언급되는 경우가 많다. 엄밀히 말하면 응력도와 응력은 분명히 다르지만, 두 가지 모두를 "응력"으로 부르는 경우가 일반적이므로 문맥에 따라 적절히 받아들여야 한다. 배우는 학생의 입장에서는 약간의 혼란이 있을 수 있으나 점차로 구조역학에 익숙해지면 문장이나 업무 중에 나오는 응력이 무엇을 의미하는지 쉽게 받아들일 수 있게 된다.

- 일반적으로 사용되는 응력도의 기호
  - 압축응력도 : σ_c, f_c(단위 : N/cm², N/m² = Pa, N/mm² = MPa, kgf/cm²)
  - 인장응력도 : σ_t, f_t
  - 전단응력도 : σ_s, f_s, υ, τ
  - 휨응력도 : σ_b, f_b
  - 그 외 지압응력도, 비틀림응력도, ...

6.4 강도(Strength)

강도는 재료의 물리적 성질을 나타내는 용어이다. 강도는 응력도와 유사한 것으로서 재료가 저항할 수 있는 최대내력의 정도를 말한다. 예를 들어, 재료가 항복에 이르는 단위면적당 최대내력을 항복강도 또는 항복응력이라 한다. 강재의 경우 강재가 발휘될 수 있는 최고의 인장응력을 인장강도라 한다.

그림 6.6은 일반적인 구조용 강재의 응력 - 변형도 곡선이다. 그림 6.6에서 응력(σ) = 인장력(P)/단면적(A)이고 변형도는 단위길이당 변형된 길이를 의미한다. 즉 변형도(ε)

는 (변형 후 길이−변형 전 길이)/(변형 전 길이)로 구할 수 있다.[19]

강재가 항복하는 상태의 응력 σ_y를 항복응력 또는 항복강도라 하고, 강재가 최대인장력을 받고 있는 상태의 응력 σ_u를 인장응력 또는 인장강도라 한다.

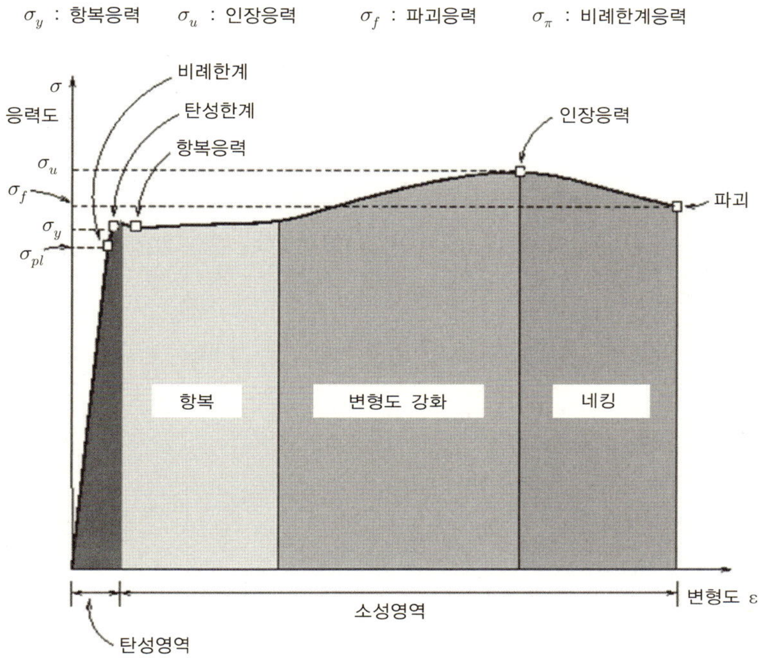

그림 6.6 강재의 응력-변형도 곡선

- 강도의 사례
  - 콘크리트 압축강도(f_{ck}) = 2.5kN/cm^2 : 콘크리트가 지지할 수 있는 최대압축응력도는 2.5kN/cm^{2}이라는 뜻이다. 이 강도의 콘크리트로 만든 기둥은 작용하는 외력의 크기가 1cm^{2}의 단위면적당 2.5kN 이하이면 파괴하지 않고 2.5kN/cm^2 이상이면 파괴된다.
  - 철근 항복강도(F_y) = 40kN/cm^2, 인장강도(F_u) = 55kN/cm^2 : HD25 철근의 공칭단면적은 약 5cm^{2}이다. HD25 철근은 200kN의 인장력이 작용하기 전에는 항복하지 않으며, 최종적으로는 275kN까지 인장력을 지지할 수 있다.

---

19) "7.1.2절 변형도" 참조

6.5 실험학습

6.5.1 실험학습-1 : 석고블록의 압축강도

(1) 실험 목적

하중 적재 상태에 따른 압축응력, 압축응력도, 압축강도를 이해함

(2) 실험개요

한 변의 길이가 5cm인 정육면체 석고블록을 만들어서 충분히 굳은 이후에 석고블록의 윗면에 하중판을 500g 단위로 적재한다. 파괴하중에 근접하였다고 판단되면 그 이후로는 가벼운 하중판을 적재하여 근사한 파괴하중을 구하고, 각 단계별 응력과 응력도를 구한다. 응력은 하중에 대한 부재력이므로 각 단계별 하중판의 총하중이 그 값이고, 응력도는 응력을 석고블록의 단면적으로 나눈 값이다.

(3) 실험준비물

- 석고블록(5cm×5cm×5cm)
- 하중판

(4) 실험 설치 및 진행 방법

① 석고블록을 만들어 충분히 굳힌다.
② 그림 6.7과 같이 석고블록의 윗면에 하중판을 차례로 얹는다. 하중판의 중심은 석고블록면의 중심에 작용하게 한다.
③ 파괴하중에 근접하면 가벼운 하중판을 얹는다.
④ 파괴시의 하중판 총하중을 구한다.
⑤ 적재과정에서의 하중과 파괴시의 하중에 대하여 응력과 응력도를 구한다.

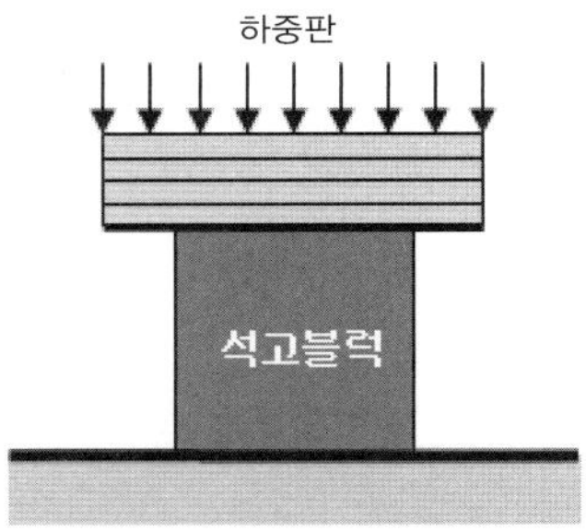

그림 6.7 석고블록의 압축강도 실험

6.5.2 실험학습-2 : 단순보의 부재력

(1) 실험 목적

집중하중을 받은 단순보의 부재력을 이해한다.

(2) 실험 개요

60cm 막대쇠자를 양단 단순지지로 만들고, 중앙점에 500g의 질량추를 매단다. 쇠자는 어느 정도 처짐이 발생한 후 처짐이 정지한다. 즉 외력에 대한 반력으로 부재력(전단력과 휨모멘트)이 평형을 이루어 정지한 것이다. 이 경우에 대한 부재력을 구한다.

(3) 실험준비물

- 60cm 막대쇠자
- 양단 단순지지를 위한 클램프 2개
- 500g 질량추 1개
- 버니어캘리퍼스 : 쇠자의 단면 측정

(4) 실험 설치 및 진행 방법(이하의 실험과 계산에서 막대쇠자의 자중은 무시한다)

① 그림 6.8과 같이 60cm 길이의 쇠자를 클램프로 단순지지시키고, 중앙에 500g의 질량추를 매단다.

② 쇠자는 어느 정도 처짐이 일어난 후 처짐이 정지된다.

③ 쇠자의 처짐이 정지한 이유에 대하여 토론하고, 쇠자의 처짐을 정지시킨 힘에 대하여 분석한다.

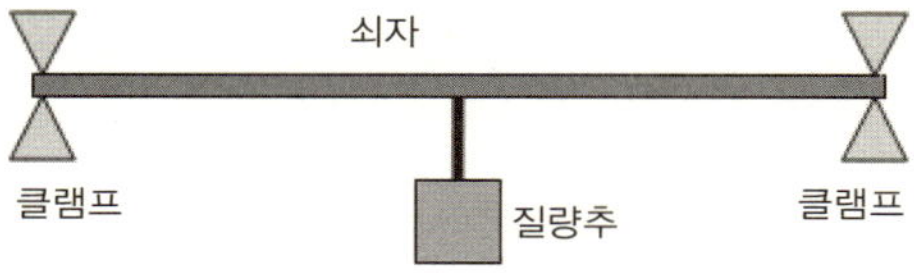

그림 6.8 단순보의 응력 실험

연습문제

- 막대쇠자에 500g의 질량추도 매달렸는데 아래로 낙하하지 않은 이유는?
  - ➜ 클램프가 지지하는 지점반력을 계산하시오.

- 쇠자에 질량추를 매달았더니 처짐이 발생하였다. 그 이유는?
  - ➜ 쇠자에 처짐이 일어나게 하는 휨모멘트를 10cm 간격으로 구하시오.
  - ➜ 쇠자의 중앙에서 처짐이 가장 크고, 지지단으로 갈수록 작아지는 이유를 설명하시오.
  - ➜ 단순보의 회전단에서 휨모멘트가 0인 이유를 설명하시오.

• 단순보로 지지된 쇠자에 질량추를 매단 이후 처짐이 발생하다가 정지하였다. 그 이유는?

➜ 외력으로 인한 처짐 변형에 저항하고 있는 쇠자 내부의 저항모멘트를 10cm 간격으로 구하시오.(외력으로 인한 휨모멘트와 같음)

• 쇠자가 끊어지지(전단파괴) 않은 이유는?

➜ 쇠자에 작용하는 전단외력을 구하시오.

➜ 전단파괴 되지 않으려고 부재 내부에서 저항하고 있는 전단 부재력을 구하시오.

➜ 쇠자의 전단강도가 20kN/cm^{2}이라고 가정할 때, 쇠자의 단면적을 측정하고 쇠자가 지지할 수 있는 최대 전단내력을 구하시오. 그리고 쇠자에 가해질 수 있는 최대 전단하중을 구하시오.(쇠자의 휨내력이나 휨변형으로 인한 영향은 무시함)

(5) 실험시 주의사항

막대쇠자에 질량추를 매달면 쇠자가 아래로 처지면서 클램프의 위치가 안쪽으로 좁혀져서 지지단 거리가 짧아지거나, 클램프 바깥쪽에 있던 여분의 길이가 안쪽으로 들어와서 쇠자의 길이가 60cm 보다 길어질 수 있다. 클램프 지지단이 이동하지 않도록 클램프를 고정시켜야 하고, 쇠자에는 클램프를 물리고자 하는 위치에 약간의 홈을 파서 처짐 변형 시 미끄러지지 않도록 하는 것이 좋다.

6.5.3 실험학습–3 : 찰흙막대의 인장강도

(1) 실험 목적

힘에 대한 응력과 응력도를 이해한다.

(2) 실험 개요

직경이 1cm되는 찰흙 막대를 길게 만들어 늘어뜨린다. 막대의 길이가 짧을 때에는 쉽게 늘어뜨릴 수 있는데, 막대의 길이를 길게 만들어 늘어뜨리면 자중을 견디지 못하고 중간에서 끊어지고 만다. 막대가 짧은 경우는 무게가 아직 가벼우므로 찰흙막대의 단면적(응력)이 자중을 충분히 지지할 수 있는 상태이고, 막대가 긴 경우는 자중이 무거워서 막대의 단면적(응력)이 더 이상 지탱하지 못하고 끊어진다.

(3) 실험준비물

- 찰흙
- 비닐종이
- 저울
- 버니어캘리퍼스 또는 자

(4) 실험 설치 및 진행 방법

① 직경 1cm의 둥근 찰흙막대를 50cm 이상 길게 만들어 비닐종이 위에 놓는다.

② 비닐에 놓인 찰흙막대를 수직으로 세우면서 비닐과 찰흙을 같이 잡고, 비닐을 아래에서부터 분리한다. 비닐이 붙어 있는 위 부분에서는 비닐과 찰흙 막대가 자중을 분담하지만, 비닐이 붙어 있지 않은 아래 부분에서는 그 아래의 자중을 찰흙의 단면이 지지해야 한다. 비닐을 위로 제거해 갈수록 찰흙막대 혼자서 지지해야 할 자중이 점점 커지게 된다.

③ 찰흙막대가 끊어질 때까지 찰흙막대와 비닐을 천천히 분리한다.

④ 찰흙막대가 끊어진 길이를 측정하고, 무게를 계량한다.

⑤ 찰흙막대의 단면이 지지한 최대응력과 단위면적에 작용한 최대응력도를 계산한다.

⑥ 찰흙막대 자체가 지지해야 하는 길이가 증가하면서 한계값에 이르러 끊어진 이유를 토론한다.

(5) 실험 주의사항

- 찰흙막대 직경이 일정해야 한다.
- 찰흙의 재질이 균질해야 한다.
- 비닐을 천천히 분리해야 한다.

• **추가학습** | 오른쪽 그림과 같이 무한히 높은 하늘 위에 무한한 강성을 갖고 있는 천장이 있다고 가정하자. 천장에 강봉을 매단다고 할 때 강봉의 길이는 얼마까지 가능한가? 강봉을 매다는 장치도 무한히 튼튼하다고 가정하고 강봉의 지름에는 제한이 없다. 그리고 강봉의 재질은 SM400(F_u = 40kN/cm^2)이고 강재의 비중은 7.80이다.

강재가 지지할 수 있는 최대 인장응력도는 40kN/cm^{2}이다. 즉 강재는 1cm^{2}에 대해 40kN까지 지지할 수 있다. 따라서 단면적이 1cm^{2}이고 무게가 40kN인 강봉의 길이가 매달 수 있는 최대 길이가 된다.

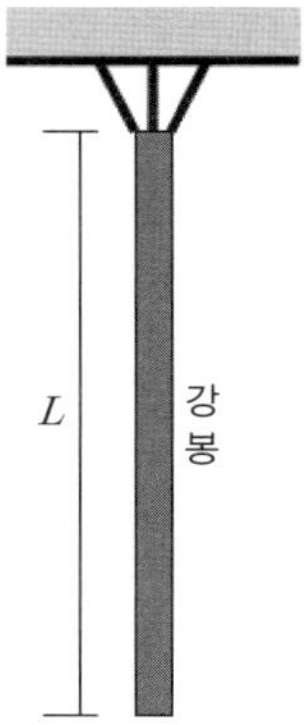

강봉의 무게 = 1cm^2 × L × 비중

인장강도에 도달할 때의 강봉 자중

= 1cm^2 × L × 7.8(gf/cm^3)

= 40kN = 4,000kgf = 4,000,000gf

L = 40kN/7.8 ≒ 5.13km

∴ 매달 수 있는 강봉의 최대 길이는 5.13km

※ 강봉의 단면적을 크게 하면 어떻게 될까?

마찬가지이다. 단면적이 10배로 커지면 강봉의 무게도 10배로 커지므로 강봉의 단면적을 키우는 것은 강봉을 매달 수 있는 길이에 아무런 영향을 미치지 못한다.

• **추가학습** | 지점반력과 부재력의 계산

(1) 반력의 계산 : 정지 상태에 있는 모든 구조물은 평형을 이루고 있다. 그 중에서 정정 구조물은 힘의 평형을 이루기 위한 3가지 기본조건식($\Sigma H=0$, $\Sigma V=0$, $\Sigma M=0$) 만으로 지점반력과 부재력을 구할 수 있다.

● 풀이과정(다음 장에 기술한 예제 참조)

① 대상구조물을 간단한 그림으로 표시하고 여기에 작용하는 외력과 지지단에서 발생 가능한 모든 반력을 함께 표시하여 자유물체도를[20] 구성한다. 반력의 방향은 알 수 없으므로 임의의 방향으로 표시한다.

---

20) 평형상태에 있는 구조물에 대하여 작용하고 있는 외력과 반력(또는 내력)의 관계를 간단한 그림으로 표시한 것을 자유물체도(Free Body Diagram)라 한다.

② 힘의 평형 조건식을 적용하여 반력을 구한다. 반력의 값이 (−)로 계산되면 임의로 가정하였던 반력의 방향이 반대이므로 자유물체도에 표시하였던 반력의 방향을 반대방향으로 수정한다.

③ 계산된 반력값을 자유물체도에 기입한다.

(2) **전단력의 계산** : 전단력은 부재축에 직교하게 작용하여 부재를 절단하려는 힘이다. 임의 위치에서의 전단력은 그 위치 왼쪽에 있는 모든 수직력(부재축에 직교하는 힘)의 합으로 구한다.

오른쪽을 기준으로 전단력을 구하는 경우는 모든 수직력의 합에 (−)를 곱하여야 한다. 그 이유는 무엇일까? 두 가지로 살펴보자.

① 전단력의 정의에서 이해할 수 있다. 전단력은 크기가 같고 방향이 서로 다른 한 쌍의 힘이다. 즉 어느 위치에서의 좌측에 있는 모든 수직력의 합이 하향이면 우측에 있는 모든 수직력의 합은 상향이어야 한다. 즉 부호가 반대이다. 그리고 두 값의 크기는 같아야 한다.

② 힘의 평형으로 이해할 수 있다. 정지 상태에 있는 부재는 힘의 평형을 유지하고 있다. 부재의 어느 위치에서도 평형상태에 있다는 의미이다. 따라서 임의 위치에 있어서도 그 점 왼쪽에 있는 모든 힘의 합은 그 점 오른쪽에 있는 모든 힘의 합과 크기가 같고 방향이 반대이어야 왼쪽과 오른쪽의 두 힘은 서로 상쇄되어 평형을 이루게 된다.

- 풀이과정

① 반력이 계산된 자유물체도를 참조하여 구하고자 하는 위치의 전단력을 구한다.

전단력 = 구하고자 하는 점의 왼쪽에 있고, 부재축에 직교한 모든 수직력의 합
= 구하고자 하는 점의 오른쪽에 있고, 부재축에 직교한 모든 수직력의 합×(−1)

② 지점, 절점, 하중의 작용점 등과 같은 주요점에 대하여 전단력을 구한다.

③ 계산된 전단력 값을 자유물체도의 주요점에 표기하고 직선 또는 곡선으로 연결한다.[21] (등변분포하중이 작용한 경우에 곡선으로 연결)

(3) **휨모멘트의 계산** : 부재가 외력을 받으면 휘거나 처질 수 있다. 부재가 휜다는 것은 외력으로 인해 휨모멘트가 작용하였다는 것이다. 이에 반하여 부재가 휨변형을 정지한 것은 부재 내부에서 외력으로 인한 휨모멘트에 저항하는 부재 내부의 휨모멘트가

21) 하중의 종류에 따른 하중-전단력-휨모멘트 상관관계와 전단력도 및 휨모멘트도 그림의 특성은 일반적인 구조역학 교재에 잘 설명되어 있으므로 이를 참조하기 바람.

있기 때문이다. 즉 평형상태에 있는 부재 내부의 휨모멘트는 외력으로 인한 휨모멘트와 크기가 같다. 임의 위치에서의 휨모멘트는 그 위치 왼쪽에 있는 힘이 만드는 모든 모멘트의 합으로 구한다. 오른쪽을 기준으로 휨모멘트를 구하는 경우는 모든 모멘트의 합에 (−)를 곱하여야 한다.

- 풀이과정

① 반력이 계산된 자유물체도를 참조하여 구하고자 하는 위치의 휨모멘트를 구한다.

휨모멘트 = 구하고자 하는 점의 왼쪽에 있는 힘이 만드는 모든 모멘트의 합
= 구하고자 하는 점의 오른쪽에 있는 힘이 만드는 모든 모멘트의 합×(−1)

② 지점, 절점, 하중작용점, 전단력이 0 이 되는 점과[22] 같은 주요점에 대하여 휨모멘트를 구한다.

③ 계산된 휨모멘트 값을 자유물체도의 주요점에 표기하고 직선 또는 곡선으로 연결한다.(등분포하중 또는 등변분포하중이 작용한 경우에 곡선)

(4) **축방향력의 계산** : 외력이 부재의 축방향으로 작용하면 부재는 이에 저항하여 반작용하는 힘이 생긴다. 부재를 압축하려는 힘에는 압축응력이, 인장하려는 힘에는 인장응력이 생긴다.

【정정보의 반력과 부재력 계산에 관한 예제】

(1) 집중하중을 받는 단순보

그림 6.9와 같이 10kN과 20kN의 집중하중을 받고 있는 단순보의 지점 반력과 외력으로 인해 부재단면에 생기는 부재력(전단력, 휨모멘트)을 구해보자.

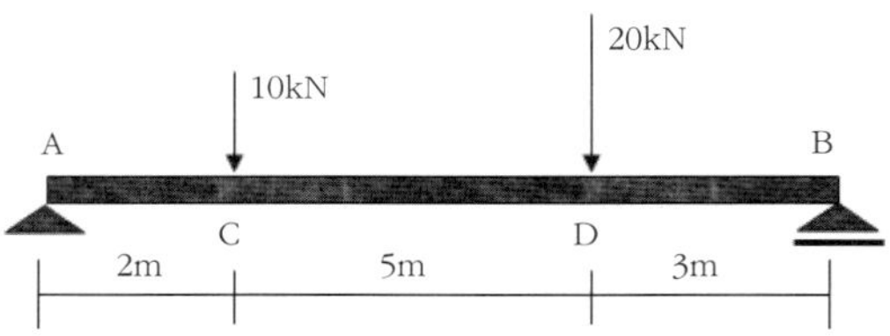

그림 6.9 2점 집중하중 단순보

22) 전단력이 0이 되는 점에서 휨모멘트는 최대 또는 최소값이 되므로 휨모멘트를 구해야 하는 주요점이 된다.

① 자유물체도의 구성

A점의 회전단에서는 수직반력과 수평반력이[23] 있을 수 있으므로 이를 각각 H_A, R_A 라고 하자. B점의 이동단에서는 수직반력만 있을 수 있으므로 이를 R_B라고 하자. 반력의 방향은 아직 알 수 없으므로 수직반력은 상향으로 가정하고, 수평반력은 우측방향으로 가정한다. 평형을 이루고 있는 상태의 구조물에 작용하는 모든 힘을 자유물체도로 표시하면 그림 6.10과 같다.

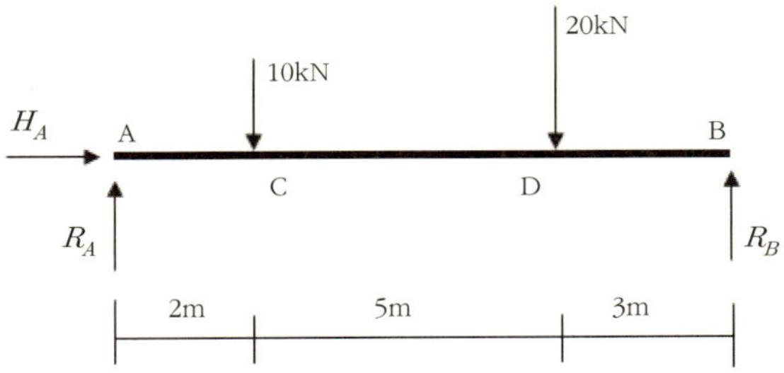

그림 6.10 자유물체도

② 반력의 계산

힘의 평형조건을($\Sigma H = 0$, $\Sigma V = 0$, $\Sigma M = 0$) 사용하여 다음과 같이 계산하여 반력을 구한다.(상방향의 힘과, 우측방향의 힘을 +로 가정한다.)

$$\Sigma H = 0\ ;\ H_A + 0 = 0 \qquad \therefore\ H_A = 0$$

$$\Sigma V = 0\ ;\ R_A + R_B - 10\text{kN} - 20\text{kN} = 0$$

미지수가 두 개이므로 아직 반력을 구할 수 없다. 모멘트에 관한 평형조건식을 사용하여 반력을 구하도록 한다. 모든 모멘트의 합은 구조물의 내부 또는 외부의 어느 점을 기준으로 해도 0이 되어야 하므로 B점을 기준하여 A점에 대한 값부터 순차적으로 구하도록 한다.

$$\Sigma M_{Ⓑ} = 0\ ;\ R_A \times 10\text{m} - 10\text{kN} \times 8\text{m} - 20\text{kN} \times 3\text{m} = 0$$

$$\therefore\ R_A = 14\text{kN},\ \ \text{R}_\text{B} = 16\text{kN}$$

---

23) 고정단에는 반력이 3개(수직, 수평, 모멘트), 회전단에는 반력이 2개(수직, 수평), 이동단에는 반력이 1개(수직), 자유단에는 반력이 0개 있을 수 있다.

반력의 값이 (+)로 계산된 것은 반력의 방향이 처음에 가정한 상향이 맞음을 의미한다. 계산 값이 (−)이면 반력의 방향을 반대로 바꾸어 주어야 한다.

③ 전단력의 계산

지지단과 하중이 작용하는 A, B, C, D점에 대하여 전단력을 계산한다.

- A점에서 오른쪽으로 미소거리 떨어진 지점에서의 전단력 : 왼쪽을 바라보면 부재축에 직교하는 힘은 R_A 밖에 없다.

$$V_{AR(Right)} = R_A = 14\text{kN}\,(\uparrow + \downarrow)$$

전단력의 부호

- (+)전단력 : 한 쌍의 직교하는 두 힘 중 왼쪽이 상향의 힘이고 오른쪽이 하향의 힘이면 (+)전단력이라고 약속한다. (↑↓)
- (−)전단력 : 한 쌍의 직교하는 두 힘 중 왼쪽이 하향의 힘이고 오른쪽이 상향의 힘이면 (−)전단력이라고 약속한다. (↓↑)
- 한 쌍의 두 힘에 의한 우력을 생각하면 편하다. 우력모멘트가 시계방향(+모멘트)으로 만들어지면 (+)전단력이고, 시계반대방향(-모멘트)으로 만들어지면 (−)전단력이다.

- C점에서 왼쪽으로 미소거리 떨어진 지점에서의 전단력 : A점에서 출발하여 C점의 미소한 왼쪽에 오기까지 A, C 사이의 임의점 왼쪽에 있는 부재축에 직교하는 힘에는 변화가 없다.

$$V_{CL(Left)} = R_A = 14\text{kN}\,(\uparrow + \downarrow)$$

- C점에서 오른쪽으로 미소거리 떨어진 지점에서의 전단력 : C점의 미소한 오른쪽으로 넘어가면 C점에 작용하는 하향의 힘 10kN이 추가된다.

$$V_{CR} = R_A - 10\text{kN} = 14 - 10 = 4\text{kN}\,(\uparrow + \downarrow)$$

- D점에서 왼쪽으로 미소거리 떨어진 지점에서의 전단력 : C점에서 출발하여 D점의 미소한 왼쪽에 오기까지 C, D 사이의 임의점 왼쪽에 있는 부재축에 직교하는 힘에는 변화가 없다.

$$V_{DL} = R_A - 10\text{kN} = 14 - 10 = 4\text{kN}(\uparrow + \downarrow)$$

• D점에서 오른쪽으로 미소거리 떨어진 지점에서의 전단력 : D점의 미소한 오른쪽으로 넘어가면 D점에 작용하는 하향의 힘 20kN이 추가된다.

$$V_{DR} = R_A - 10\text{kN} - 20\text{kN} = 14 - 10 - 20 = -16\text{kN}(\downarrow - \uparrow)$$

• B점에서 왼쪽으로 미소거리 떨어진 지점에서의 전단력 : 왼쪽으로 계산한 결과와 오른쪽으로 계산한 결과는 같아야 한다. 오른쪽으로 계산해보자. 오른쪽으로 계산한 결과에는 (−)를 곱해주어야 한다.

$$V_{BL} = (R_B) \times (-1) = (16) \times (-1) = -16\text{kN}(\downarrow - \uparrow)$$

• 계산된 전단력을 그림으로 표기하면 그림 6.11과 같다. (+)전단력은 부재의 위에 표기하기로 하고, (−)전단력은 부재의 하부에 표기하기로 한다.

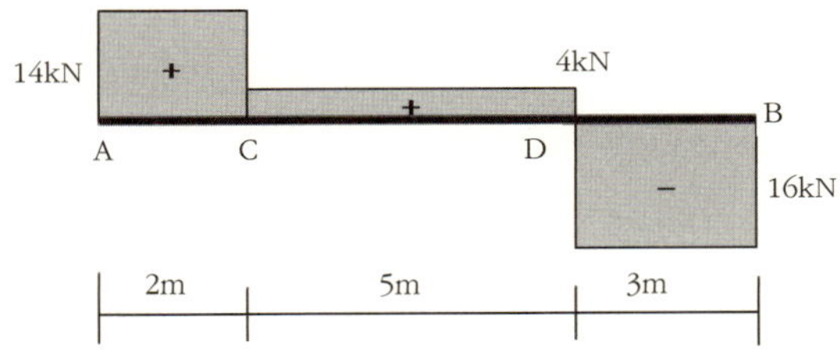

그림 6.11 전단력도

④ 휨모멘트의 계산

지지단과 하중이 작용하는 A, B, C, D점에 대하여 휨모멘트를 계산한다.

• A점의 휨모멘트 : 부재 단부의 회전단에서는 모멘트에 대한 구속력이 없으므로 휨모멘트는 0이다.

$$M_A = 0$$

단, 2경간 이상 연속하는 보에서 부재의 중간을 지지하는 회전단이나 이동단에서는 부재와 부재 간에 강접합으로 연결되어 있어서 서로 간에 회전을 구속하고 있으므로 휨모멘트가 있음에 주의해야 한다.

휨모멘트의 부호

- (+)휨모멘트 : 부재를 아래 또는 안쪽으로 휘게 하는 휨모멘트를 정모멘트라 하며 (+)로 약속한다.
- (−)휨모멘트 : 부재를 위로 또는 바깥쪽으로 휘게 하는 휨모멘트를 부모멘트라 하며 (−)로 약속한다.

- B점의 휨모멘트 : 부재 단부의 이동단에서도 휨모멘트는 0이다.

$$M_B = 0$$

- C점의 휨모멘트 : C점에 모멘트를 작용시킬 수 있는 C점 왼쪽의 힘으로는 반력 R_A 하나가 있다. R_A는 C점으로부터 2m 떨어져 있으므로 C점의 휨모멘트는 다음과 같이 구한다.

$$M_C = R_A \times 2\text{m} = 14 \times 2 = 28\text{kN}\cdot\text{m}\,(+)$$

- D점의 휨모멘트 : D점에 모멘트를 작용시킬 수 있는 D점 왼쪽의 힘으로는 반력 R_A와 하향의 외력 10kN이 있다. R_A는 D점으로부터 7m 떨어져 있고, 10kN의 힘은 5m 떨어져 있으므로 D점의 휨모멘트는 다음과 같이 구한다. 오른쪽을 기준으로 모멘트를 구하여도 같은 결과가 나온다.

$$M_D = R_A \times 7\text{m} - 10\text{kN} \times 5\text{m} = 98 - 50 = 48\text{kN}\cdot\text{m}\,(+)$$
$$= (-1) \times R_B \times 3\text{m} = (-1) \times (-16) \times 3 = 48\text{kN}\cdot\text{m}\,(+)$$

- 계산된 휨모멘트를 그림으로 표기하면 그림 6.12와 같다. (+)휨모멘트는 부재를 아래로 휘게 하는 힘이므로 아래에 표기하기로 하고, (−)휨모멘트는 부재를 위로 휘게 하므로 부재의 상부에 표기하기로 한다.

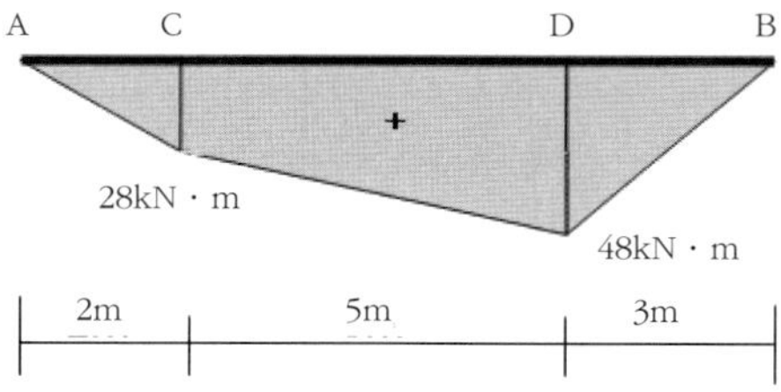

그림 6.12 휨모멘트도

⑤ 축방향력의 계산 : 부재축과 같은 방향으로 작용하는 힘이 있는 경우에는 위와 유사한 방법으로 축방향력을 계산한다.

(2) 등분포하중을 받는 캔틸레버보

그림 6.13과 같이 1m당 1kN의 등분포하중을 받고 있는 10m 길이의 캔틸레버보에 대하여 지점반력과 부재력(전단력, 휨모멘트)을 구해보자.

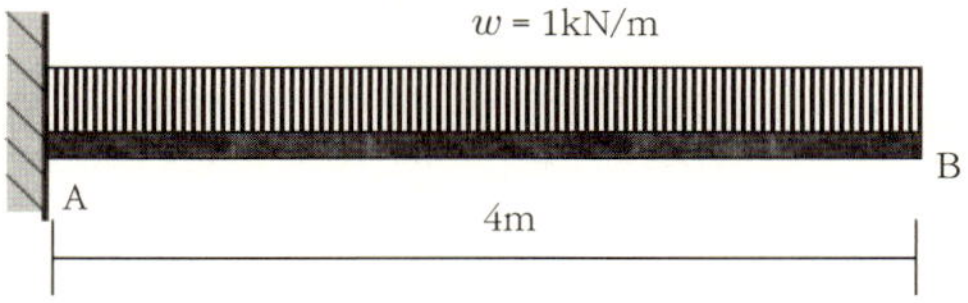

그림 6.13 등분포하중을 받는 캔틸레버보

① 자유물체도의 구성

A점의 고정단에서는 수직반력, 수평반력, 모멘트반력이 있을 수 있으므로 이를 각각 H_A, R_A, M_A 라고 하자. 반력의 방향은 임의로 가정하고, 구조물의 평형상태를 자유물체도로 표시하면 그림 6.14와 같다.

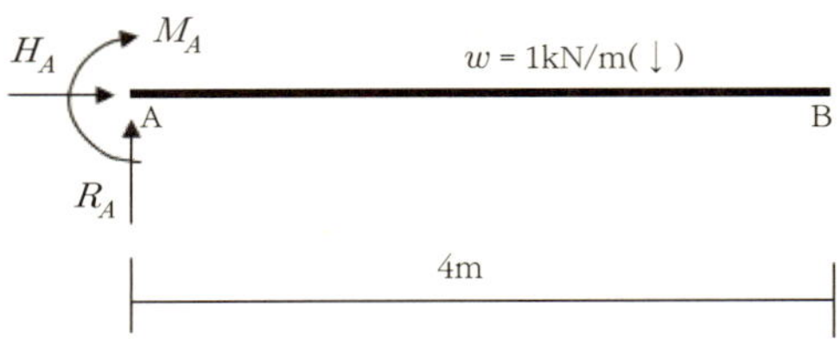

그림 6.14 자유물체도

② 반력의 계산

힘의 평형조건을 사용하여 다음과 같이 계산하여 반력을 구한다.

$$\Sigma H = 0\ ;\ H_A + 0 = 0 \qquad \therefore\ H_A = 0$$

$$\Sigma V = 0\ ;\ R_A - \omega \times \ell = R_A - 1\text{kN/m} \times 4\text{m} = 0 \qquad \therefore\ R_A = 4\text{kN}$$

모멘트의 평형조건은 어느 점을 기준으로 하여도 좋다. A점을 기준으로 하여보자.

$$\Sigma M_{Ⓐ} = 0\ ;\ M_A + (\omega \times l) \times (l/2) = M_A + (1\text{kN/m} \times 4\text{m}) \times (4\text{m}/2) = 0$$

$$\therefore\ M_A = -8\text{kN} \cdot \text{m}$$

모멘트반력이 (−)로 계산되었으므로 자유물체도에서 모멘트반력의 방향을 시계반대 방향으로 바꾸어 주어야 한다.

③ 전단력의 계산

등분포하중이 작용하는 경우에도 풀이방법은 동일하다. 전단력을 구하고자 하는 임의의 점에서 그 좌측에 있는 모든 수직력의 합을 구한 값이 그 위치에서의 전단력이 된다. 부재의 양단부인 A, B점과 부재 중간의 임의 위치에 대한 전단력을 구해보자.

- A점에서 오른쪽으로 미소거리 떨어진 지점에서의 전단력 : 왼쪽을 바라보면 부재축에 직교하는 힘은 R_A 밖에 없다.

$$V_{AR(Right)} = R_A = 4\text{kN}(\uparrow + \downarrow)$$

- B점에서 왼쪽으로 미소거리 떨어진 지점에서의 전단력

$$V_{BL(Left)} = R_A - (\omega \times l) = 4\text{kN} - (1\text{kN/m} \times 4\text{m}) = 0$$

- 오른쪽을 바라보고 문제를 풀어도 결과는 마찬가지이다. B점에서 왼쪽으로 미소거리 떨어진 지점에서 오른쪽을 바라보면 전단력이 될 힘이 없으므로 전단력은 0이다.
- 부재 중간 임의점에서의 전단력 : A점으로부터 떨어진 거리 x에서의 전단력을 구해보자.

$$V_x = R_A - (\omega \times x) = 4\text{kN} - (1\text{kN/m} \times x\text{m}) = (4 - x)\text{kN}(\uparrow + \downarrow)$$

- 계산된 전단력을 그림으로 표기하면 그림 6.15와 같다. (+)전단력은 부재의 위에 표기하기로 하고, (−)전단력은 부재의 하부에 표기하기로 한다.

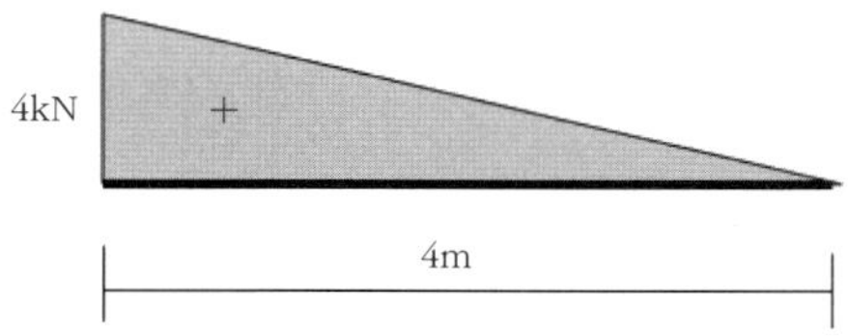

그림 6.15 전단력도

④ 휨모멘트의 계산

부재의 양단부인 A, B점과 부재 중간의 임의 위치에 대한 휨모멘트를 구해보자.

- A점의 휨모멘트 : $M_A =$ 반력 $M_A = -8\text{kN}\cdot\text{m}$
- B점의 휨모멘트 : 자유단에서의 휨모멘트는 0이다.

  $M_B = 0$
- 부재 중간 임의점에서의 휨모멘트 : A점으로부터 떨어진 거리 x 에서의 휨모멘트를 구해보자.

$$M_x = -8\text{kN}\cdot\text{m} + R_A \times x - (\omega \times x) \times (x/2) = \left(-8 + 4x - \frac{x^2}{2}\right)\text{kN}\cdot\text{m}$$

등분포하중이 작용하는 구간의 휨모멘트

등분포하중이 작용하는 구간에서는 동일한 크기의 하중이 연속적으로 작용하고 있으므로 모멘트도의 형상이 2차 곡선이 된다. 주요점에 대한 휨모멘트를 구한 다음에 등분포하중이 작용하는 구간에 대해서는 아래로 볼록 또는 위로 볼록하게 하여 휨모멘트도를 완성한다.

- 계산된 휨모멘트를 그림으로 표기하면 그림 6.16과 같다.

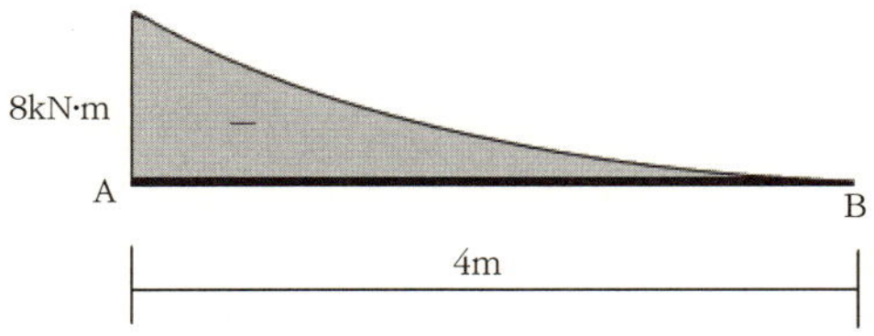

그림 6.16 휨모멘트도

(3) 그 외 여러 가지 하중조건과 부재의 지지단 조건

반력과 부재력의 계산은 다른 구조역학 교재를 참조하기 바란다.

7_ 변형과 탄성

7.1 변형(Deformation)

7.1.1 변형의 용어

물체에 힘이 작용하면 위치가 변하거나 회전하는 변형이 반드시 일어난다. 힘이 작으면 변형이 작고, 힘이 크면 변형이 크게 일어난다. 건물 안에 사람이 들어오면 그 사람의 무게로 인해서 바닥판은 0.1mm라도 추가 변형이 일어나고, 그 사람이 다시 바깥으로 나가면 변형이 다시 본래 위치로 돌아온다. 변형과 관련한 유사한 용어들을 정리하면 다음과 같다.

- 변형(Deformation) : 변위, 처짐, 신축, 회전 등을 포괄하는 일반적 의미
- 변위(Displacement) : 하중에 의하여 부재의 임의점이 이동한 거리. 수평방향의 이동거리는 수평변위라 하고, 수직방향의 이동거리는 수직변위라 한다.
- 처짐(Deflection) : 보와 슬래브와 같은 수평부재에서의 휨변형에 따른 수직방향 변위
- 휨(Bending) : 휨모멘트에 의하여 부재가 휘는 변형
- 신축(Elongation) : 인장력 또는 압축력으로 인한 부재 축방향의 변형
- 전도(Overterning Moment) : 모멘트에 의하여 구조물이 회전하며 넘어가는 현상
- 회전(Rotation) : 모멘트에 의하여 구조물이 돌아가는 일반적 현상

① 변형(Deformation) : 축방향 변형(신축), 전단변형(형태의 찌그러짐), 휨변형, 비틀림변형 등이 있다.

- 축방향 변형 : 부재의 축방향으로 생기는 압축 또는 인장 변형을 의미한다.
- 전단변형(Shear Deformation) : 그림과 같은 짧은 캔틸레버보에서 자유단에 집중하중이 가해진 경우 보가 휘지 않고 직각이었던 곳이 γ 만큼의 각이 줄어들면서 집중하중을 고정단에 전달하게 된다. 이 때 γ를 전단변형(각)이라 한다.

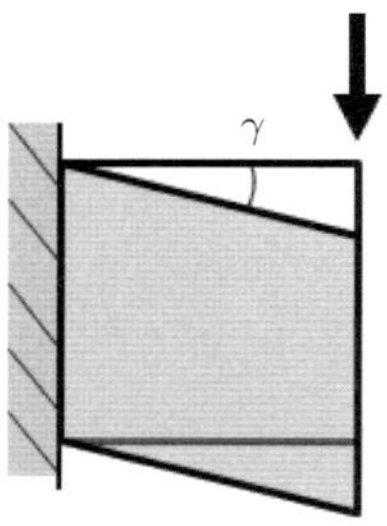

- 휨변형 : 보에 하중이 작용하면 보가 휘면서 하중을 지지단에 전달한다. 이 때 보의 중심선을 기준으로 휨변형의 안쪽은 인장변형을 하고, 바깥쪽은 압축변형을 하게 된다. 휨변형으로 인하여 인장변형이 생기는 곳에서

는 인장응력도가 유발되고, 압축변형이 생기는 곳에서는 압축응력도가 유발된다.

- 비틀림변형 : 건물 외주부를 두르는 보에는 하중이 주로 내측에서만 작용하므로 편심하중이 작용하게 되어 비틀림변형이 발생할 수 있다.

② 변위(Displacement) 그림 7.1(a)와 같은 구조물에서 중앙부의 처짐 δ_V를 수직변위라 하고 그림 7.1(b)와 같은 구조물에서 δ_H를 수평변위라 한다.

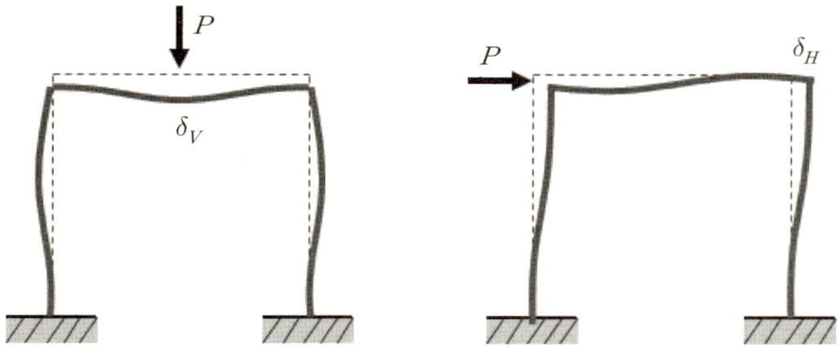

그림 7.1 하중의 작용에 의한 수직변위와 수평변위

③ 처짐(Deflection) : 수직변위 중에서 보 또는 슬래브와 같은 수평부재에서 생기는 수직변위는 특히 처짐이라고 한다.

④ 처짐각(Deflection Angle) : 그림 7.2에서와 같이 하중에 의해 보가 변형할 때에 임의 점에서의 접선 회전각을 처짐각이라 한다.

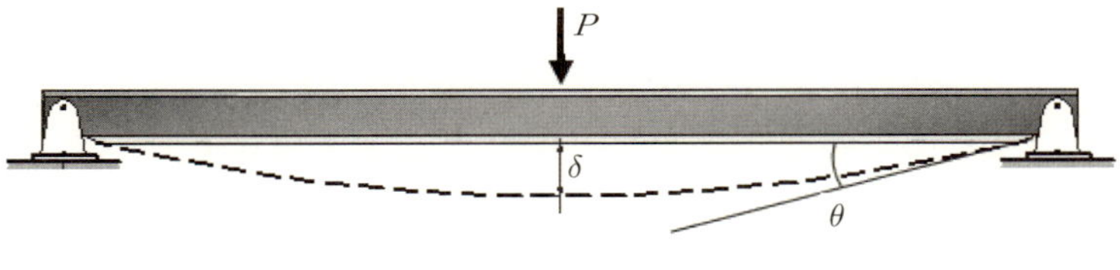

그림 7.2 하중의 작용에 의한 보의 처짐과 처짐각

7.1.2 변형도(Strain)

물체에 압축력 또는 인장력을 가하였을 때 변형된 양(Δl)을 본래길이(l)와 비교한 상대적 비율이다. 물체가 힘을 받으면 길이방향으로 뿐만 아니라 힘의 직교방향으로도 변형이 동시에 일어난다. 고무줄을 잡아당기면 길이가 늘어남과 동시에 고무줄의 굵기가 가늘어진다. 그림 7.3에서 Δl은 작용한 힘 N에 대한 길이방향 변형량이고 Δd는 작용한 힘 N에 직교하는 방향의 변형량이다.

힘이 작용하는 방향으로의 변형도를 세로변형도(ε)라 하고, 힘에 대한 직교방향으로의 변형도를 가로변형도(β)라 한다.

$$\varepsilon = \frac{\Delta l}{l} \qquad \beta = \frac{\Delta d}{d}$$

l : 물체의 길이(힘의 작용방향)

d : 물체의 폭 또는 직경

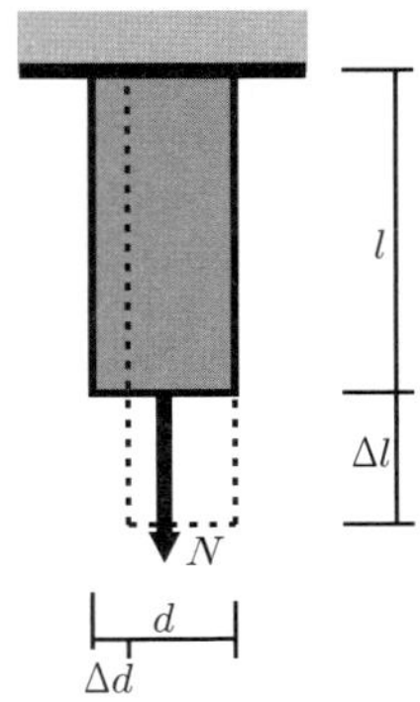

그림 7.3 힘과 변형

7.1.3 푸아송비(Poisson's Ratio)

물체의 재료적 성질로서, 가로변형도(β)와 세로변형도(ε)의 비율을 푸아송비(ν)라 한다. 푸아송비에 따라 구조물의 변형거동이 달라지므로 소프트웨어를 이용하여 구조물을 해석할 때에 푸아송비는 기본적으로 입력되는 재료 물성 값 중에 하나이다. 구조물에 사용되는 일반 강재의 푸아송비는 약 0.27~0.3이며, 콘크리트의 푸아송비는 0.14~0.25이다.

$$\text{푸아송비}(\nu) = \frac{\beta}{\varepsilon} = \frac{1}{m} \qquad m\ :\ \text{푸아송수}$$

7.2 탄성(Elasticity)

물체가 힘을 받아 변형되었을 때 힘을 제거하면 변형이 복원되는 현상을 탄성이라 한다.

7.2.1 탄성계수(Elastic Modulus, Young's Modulus)

물체가 힘을 받으면 단면에는 이에 저항하는 응력이 생기고, 그와 동시에 변형도 발생한다. 물체가 힘을 받아 변형할 때에 생기는 변형도에 대한 응력도의 비율을 탄성계수라 한다.

6장에서의 그림 6.6을 다시 살펴보자. 물체가 힘을 받으면 탄성계수의 비율로 변형이 진행되고 힘을 제거하면 탄성계수의 비율로 변형이 복원된다. 단, 물체의 탄성계수는 언제까지나 동일하지는 않다. 물체가 탄성계수의 비율로 변화하는 한계를 비례한계라 하고, 탄성적인 복원이 가능한 한계를 탄성한계라 한다. 재료의 탄성계수와, 비례한계, 탄성한계 등은 재료의 종류마다 다른 고유한 성질로서 이에 대한 자세한 학습은 재료역학 교재를 참고하기 바란다. 물체의 탄성응력 상태에서 힘의 작용방향에 대한 응력도와 변형도와 탄성계수에는 다음의 관계가 성립한다.

$$\text{응력도}(\sigma) = \text{탄성계수}(E) \times \text{변형도}(\varepsilon)$$

또한 탄성체에서 탄성계수는 전단탄성계수와 다음과 같은 관계를 갖는다.

$$\text{전단응력도}(v) = \text{전단탄성계수}(G) \times \text{전단변형도}(\gamma)$$

$$G = \frac{E}{2(1+\nu)}$$

7.2.2 응력과 변형의 관계

구조물에 작용하는 힘이 크면 이에 대응하는 응력이 커지고, 힘의 작용으로 인한 변형량도 커진다. 구조물에 작용한 힘으로 인한 응력도와 변형의 비율을 그래프로 나타낸 것을 응력-변형도곡선(Stress-Strain Curve)이라 한다. 그림 7.4는 강재에 대한 응력-변형도곡선이다. 역학에 익숙한 사람에게는 당연한 이야기이지만 이 그래프에서 X축은 변형량이 아닌 변형도(Strain)이고, Y축은 응력(작용한 힘)이 아니라 응력도(Stress)임에 주의하여야 한다.

외력으로 인해 부재에 생기는 응력은 부재의 단면이 크든 작든 재질이 강하든 약하든 작용하는 힘의 크기와 같은 값이고, 변형된 양은 동일한 힘에 대하여 부재단면이(강성) 크면 적게 변형하고 부재단면이(강성) 작으면 크게 변형하게 된다. 힘과 변형의 관계를 응력도와 변형도의 곡선으로 표시하는 이유는 부재의 단면적이나 길이로 인한 강성의 영향을 배제하기 위함이다.

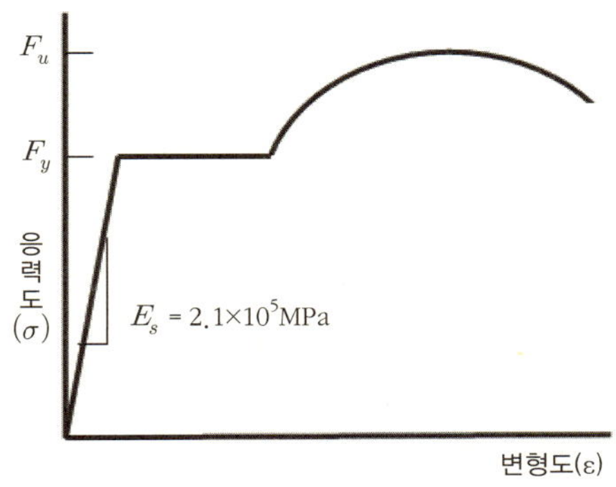

그림 7.4 강재의 응력-변형도 곡선

7.3 실험학습

7.3.1 실험학습-1 : 고무막대 인장실험

(1) 실험목적

탄성계수, 응력도, 변형도, 푸아송비의 이해

(2) 실험개요

직경이 1cm인 고무막대를 잡아당겨 변형된 길이와 형상을 관찰한다.

(3) 실험 준비물

- 직경이 1cm이고 길이가 약 100cm인 고무막대
- 질량추
- 막대자, 버니어캘리퍼스
- 도르래

(4) 실험 설치 및 진행 방법(그림 7.5)

① 실험책상 양 끝에 도르래를 설치한다.

② 고무막대의 중앙부분 30cm 간격을 마킹하고 정확한 직경을 계측한다.

③ 고무막대 양 끝에 500g 질량추를 매달고, 고무막대 중앙부분의 길이와 직경의 변화를 계측한다.

④ 500g 질량추를 2개~10개로 매달면서 각 단계의 변형량과 직경을 계측한다.

⑤ 질량추의 증가에 따른 응력도, 변형도, 탄성계수 등을 계산하고 그래프를 그린다.

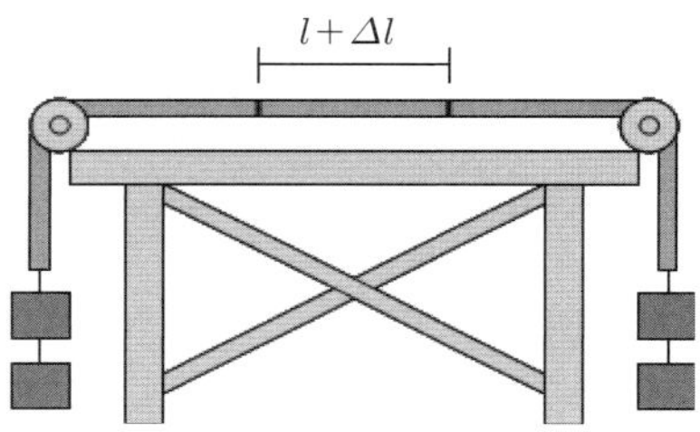

그림 7.5 고무막대 인장실험

(5) 실험내용의 분석

① 힘(응력) - 변형량 그래프 : 작용한 힘의 크기에 따른 변형량의 변화를 그래프로 표시한다.

② 응력 - 변형도 그래프 : 질량추의 작용하중별로 응력도와 변형도를 각각 구하여 그래프에 표시한다. ①에서 구한 힘(응력) - 변형량 그래프와 비교하여 두 그래프의 차이점을 토론한다.

③ 탄성계수 계산 : 고무막대의 재료적 비선형성 또는 간이실험의 오차로 인한 비선형성 등은 무시하기로 한다. 실험으로 구해진 응력-변형도 곡선을 직선보간하거나 구간별 탄성계수의 평균값을 고무막대의 탄성계수값으로 한다.

④ 변형도와 푸아송비 계산 : 고무막대의 세로변형량(Δl)과 가로변형량(Δd)에 대한 세로변형도와 가로변형도를 계산하고, 가로변형도를 세로변형도로 나누어 푸아송비를 구한다.

7.3.2 실험학습-2 : 찰흙 공시체 압축시험

(1) 실험목적

압축력을 받는 찰흙 공시체의 탄성계수, 응력도, 변형도, 푸아송비의 이해

(2) 실험개요

찰흙으로 만든 간이 공시체를 이용하여 압축시험을 한다. 콘크리트의 압축강도 시험을 모사하는 것으로서, 찰흙의 강도가 약하므로 작은 힘으로도 간편하게 압축응력 및 탄성계수, 푸아송비에 관한 시험을 수행할 수 있다.

강도가 약한 찰흙으로 만든 간이 공시체로 하는 실험이므로 실험 결과의 값 자체는 신뢰할 수 없지만 압축응력, 압축응력도, 세로변형도, 가로변형도, 푸아송비에 대한 물리적 이해를 높이는 데에는 오히려 더 효과적이라 할 수 있다. 사람의 힘으로 누르거나 몇 장의 하중판을 얹으면 바로 압축변형(세로변형)이 생기고 그와 동시에 가력방향의 직교방향으로 가로변형이 발생한다.

(3) 실험 준비물

- 찰흙공시체 : 직경 10cm×높이 15cm
- 하중판
- 막대자 : 세로변형 계측
- 줄자 : 둘레를 계측하여 가로변형을 계산함

(4) 실험 설치 및 진행 방법

① 찰흙으로 직경이 10cm이고 높이가 15cm인 공시체를 만든다.

② 찰흙공시체의 직경을 균등하게 하고, 공시체의 윗면과 아랫면의 수평을 고른다.

③ 찰흙공시체의 윗면에 하중판을 하나씩 얹어가면서 세로변형과 가로변형을 계측

한다.

④ 찰흙공시체의 편심변형이 심하지 않을 때까지 실험을 계속한다.

⑤ 계측된 결과로부터 응력도, 변형도 등을 구하고 그래프로 표시한다.

(5) 실험시 주의사항

- 찰흙은 무른 재료이므로 공시체의 제작단계부터 주의하여야 한다. 공시체의 직경과 위아래면의 수평면 관리에 주의하여야 한다.
- 하중판을 얹는 과정에서 공시체에 편심가력이 되지 않도록 주의한다.

7.3.3 실험학습-3 : 탄성계수가 다른 재료의 변형

(1) 실험 목적

탄성계수가 다른 재료의 변형 차이를 이해함.

(2) 실험 개요

단면 및 하중조건이 동일하지만 탄성계수가 다른 두 가지 재료로 캔틸레버보의 휨 실험을 실시하여 탄성계수에 따른 변형의 차이를 파악한다. 즉 강재와 알루미늄(강재 탄성계수의 약 1/3) 두 가지 재료를 동일한 조건에서 휨 실험을 실시하여 처짐량을 관찰하고 두 가지 경우의 차이를 확인한다.

(3) 실험준비물

- 강재 보 및 알루미늄 보 : 단면 3cm×0.1cm, 길이 60cm, 캔틸레버보의 역할을 함.
- 클램프 : 강재보 및 알루미늄보를 한쪽에 고정시키기 위함.
- 질량추 : 100g
- 배경막 : 처짐량을 표시하기 위함.

(4) 실험방법

① 클램프에 60cm 강재보의 한쪽을 고정시켜서 캔틸레버보 형태로 만든다.

② 캔틸레버보가 정지된 상태에서 선단부의 위치를 배경막에 표시한다.

③ 캔틸레버보의 선단부에 100g의 질량추를 매달고 선단부의 처짐량을 배경막에 표시한다.

④ 강재보를 제거한 후, 알루미늄보를 동일하게 설치하고 동일한 질량추를 선단부에 매단 후 선단부의 처짐량을 배경막에 표시한다.

⑤ 강재보와 알루미늄보의 처짐량의 차이를 확인한다.

• **추가학습** | 연성(Flexibility)과 인성(Toughness)

• 연성 : 물질이 힘을 받아 늘어나는 성질로서, 금이나 은, 구리 등은 연성이 매우 높은 물질이다. 건물에 사용되는 철근이나 H형강도 연성재료에 해당한다. 강재는 콘크리트에 비하여 연성이 매우 높아서 건물이 지진과 같은 큰 힘을 받은 경우에 부재의 변형이 먼저 일어나게 되어 외력 에너지를 흡수하고, 갑작스러운 붕괴를 지연시켜서 재난에 대한 피해를 최소화할 수 있는 설계에 효과적이다. 연성의 반대 개념은 취성(Brittleness)이다. 힘을 가하면 늘어나기 보다는 쉽게 깨어지는 현상이다. 유리나 도자기 등은 대표적인 취성재료이고, 건물에 사용되는 콘크리트도 취성재료이다.
• 인성 : 힘에 저항하는 강도와 변형 능력에 의하여 에너지를 흡수하는 능력을 인성이라 한다. 강재는 강도가 높으면서도 연성이 우수하므로 인성이 매우 좋다. 이에 반하여 콘크리트는 연성이 매우 낮은 취성재료이므로 에너지를 흡수할 수 있는 인성이 적다. 인성이 좋으면 에너지 흡수 능력이 우수하고 건물의 갑작스런 파괴를 방지할 수 있다.
그림 7.6에서 색칠된 부분의 총 면적은 강재가 흡수할 수 있는 에너지량이 된다.

(에너지 변화량(흡수량) = 일 = 힘×거리(변형))

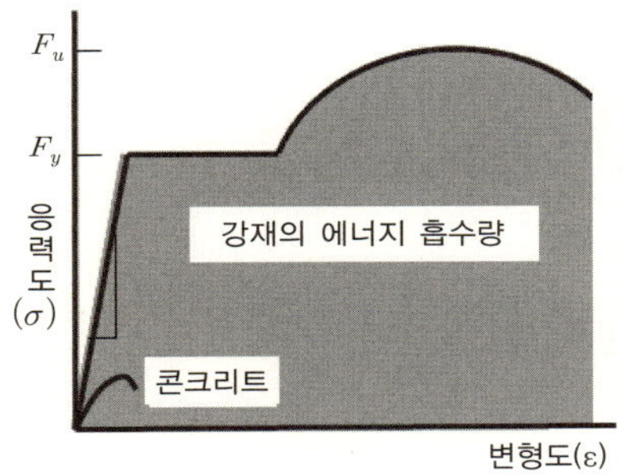

그림 7.6 강재의 인성

8_ 보의 처짐

물체에 힘이 작용하면 변형을 하게 되는데, 그 중에서 슬래브나 보와 같이 수평방향의 부재에 연직하중이 작용하였을 때 수직방향으로의 변형량을 처짐(Deflection)이라 한다. 처짐은 부재의 강성에 따라 그 값이 달라진다. 동일한 하중이 작용해도 부재의 지지단 조건이나 단면형상, 부재의 길이, 재질(탄성계수)이 달라지면 강성에 변화가 생기므로 그에 따른 처짐량이 달라진다.

8.1 보의 처짐식

보의 처짐에 관한 이론적인 학습은 구조역학 전문 교재를 참고하기로 한다. 본 교재에서는 자주 접하게 되는 대표적인 구조물에 대한 처짐식 몇 가지를 소개하기로 한다.

- 집중하중을 받는 단순보 중앙부의 최대처짐

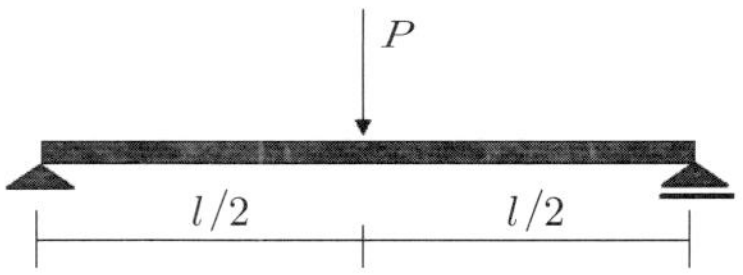

$$\delta = \frac{Pl^3}{48EI}$$

- 등분포하중을 받는 단순보 중앙부의 최대처짐

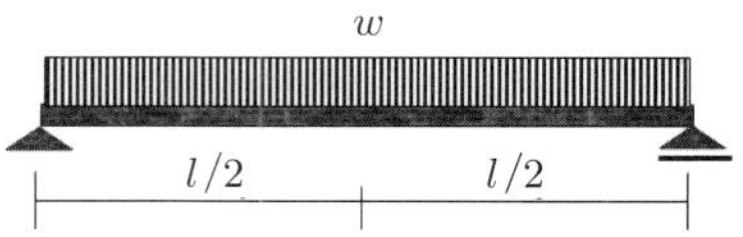

$$\delta = \frac{5wl^4}{384EI}$$

- 집중하중을 받는 양단고정보 중앙부의 최대처짐

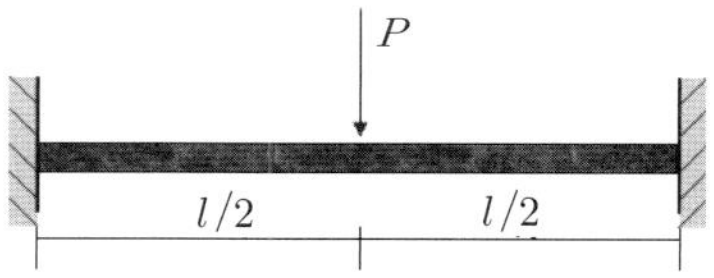

$$\delta = \frac{Pl^3}{192EI}$$

• 등분포하중을 받는 양단고정보 중앙부의 최대처짐

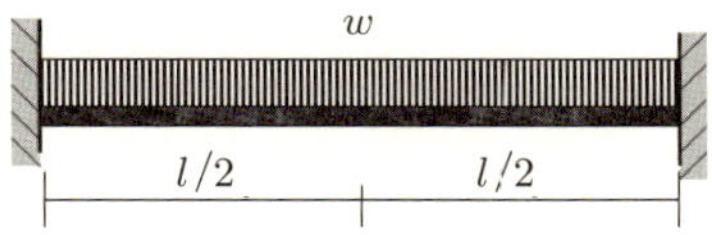

$$\delta = \frac{\omega l^4}{384EI}$$

• 집중하중을 받는 캔틸레버보 선단부의 최대처짐

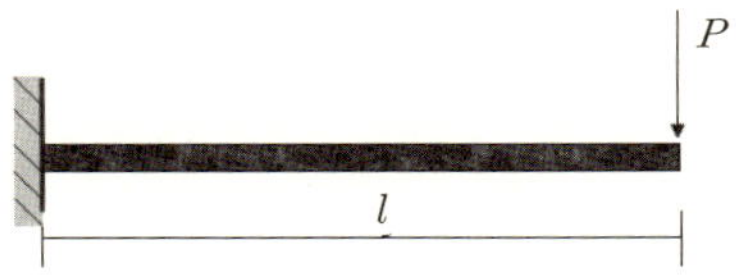

$$\delta = \frac{Pl^3}{3EI}$$

• 등분포하중을 받는 캔틸레버보 선단부의 최대처짐

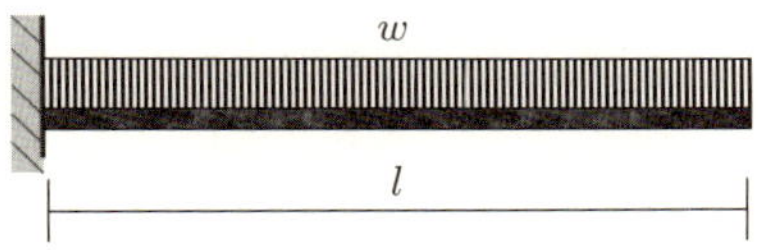

$$\delta = \frac{\omega l^4}{8EI}$$

8.2 실험학습

8.2.1 실험학습-1 : 캔틸레버보의 처짐 실험

(1) 실험목적

처짐식의 이해 및 강성과 탄성계수에 대한 이해

(2) 실험개요

클램프로 막대쇠자를 고정시키고 선단부에 질량추를 매달아 처짐량을 계측한다. 계측된 처짐량과 단면2차모멘트, 쇠자의 길이 등을 처짐식에 대입하여 막대쇠자의 탄성계수를 역으로 구한다.

처짐에 관한 계산식을 사용하여 근사한 값으로 재료의 탄성계수를 계산하며, 처짐식에 영향을 미치는(강성에 영향을 미치는) 여러 가지 요인들을 이해하게 된다.

(3) 실험 준비물

• 고정지지용 클램프와 60cm 막대 쇠자
• 질량추

- 막대자 : 캔틸레버보의 처짐량을 계측함.
- 버니어캘리퍼스 : 막대쇠자의 단면을 계측하기 위함.

(4) 실험 설치 및 진행 방법

① 클램프에 60cm 막대쇠자의 한쪽 끝을 단단히 고정시킨다.

② 막대쇠자의 자유단 선단부에 질량추를 매단다.

③ 질량추의 무게와 처짐량을 계측한다.

④ 막대쇠자의 단면을 버니어캘리퍼스로 정확히 계측하고 중립축에 대한 단면2차모멘트를 계산한다.

⑤ 집중하중을 받는 캔틸레버보의 최대처짐식을 활용하여 막대쇠자의 탄성계수를 수식적으로 계산한다.

⑥ 막대쇠자의 길이를 변화시키거나 지지단 조건을 다르게 하여(단순보 또는 양단고정보 등) 유사한 실험을 하고, 탄성계수값이 비슷하게 계산되는지 확인한다.

⑦ 처짐식을 이용하여 막대쇠자의 탄성계수를 추정하는 방법에 영향을 미치는 요인들에 대하여 토론한다.

(5) 실험시 주의사항

- 클램프를 단단히 조여 고정단을 견고하게 만들어야 한다.
- 단순지지보의 처짐실험을 하는 경우는 보의 처짐으로 인하여 지점거리가 짧아지거나 지지단에서 쇠자가 미끄러져 쇠자의 전체길이가 길어져서는 안 된다.
- 쇠자의 탄성한계 이내에서 실험한다.
- 막대쇠자의 자중은 무시하기로 한다.

8.2.2 실험학습-2 : 처짐식과 강성, 탄성계수를 이해하기 위한 다른 실험

막대쇠자의 정확한 탄성계수를 알고서 실험학습을 하면 실험결과의 분석과 토론에 효과적이다. 일반적인 구조용 강재의 탄성계수는 $2.1 \times 10^7 N/cm^2$이다. 직경이 10mm인 원형강봉으로 실험해보자. 단순보 처짐실험과 처짐식으로부터 철근의 탄성계수를 계산하고 그 값이 $2.1 \times 10^7 N/cm^2$과 근사한 값으로 계산되는지 확인한다.

• 추가학습 | 강도와 강성

· 강도(Strength)

재료가 저항할 수 있는 최대내력의 정도로서 재료의 단위면적($1cm^2$)이 지지할 수 있는 최대 응력에 해당한다. 부재에 사용된 재료가 동일하면 단면이 크든 작든, 부재의 길이가 길든 짧든 강도는 동일하다.

· 강성(Stiffness)

변형에 대한 저항 성능으로서, 부재의 지지단 조건, 부재로 사용된 재료의 성질, 부재단면의 형상, 부재의 길이 등에 따라 강성이 달라진다. 강성(K)이 커지면 변형저항이 커지므로 변위나 처짐이 적게 발생하고 강성이 작으면 많이 발생한다. 역학을 처음 배우는 학생의 경우 강도와 강성의 의미를 종종 혼동하기도 하지만 강도와 강성의 차이점을 분명히 구분할 수 있어야 한다.

휨강성 : $K_b \propto \dfrac{EI}{L^3}$　　　축강성 : $K_c \propto \dfrac{EA}{L}$

〈강성의 비례관계〉

8.2.3 실험학습-3 : 철사로 만든 용수철 실험

(1) 실험목적

강도와 강성의 차이를 이해함

(2) 실험개요

철사의 탄성계수를 강재의 일반적인 탄성계수로 가정한다. 그리고 철사의 강도는 SM400(F_y=240MPa)으로 가정한다.(철사의 탄성계수와 강도는 SM400강재의 값보다 작을 수 있다.)

철사를 사용하여 여러 가지 모양(용수철의 직경이 다른 경우, 피치가 다른 경우 등)의 용수철을 만들고 여기에 질량추를 매달아 탄성변형 실험을 하여 각각의 용수철에 대한 스프링강성 k를 구한다. 스프링강성 k와 스프링에 사용된 철선의 강도를 비교함으로써 강도와 강성의 차이를 구분한다.

(3) 실험 준비물

- 용수철을 만들기 위한 철사
- 질량추
- 막대자 : 용수철의 변형량을 계측함

(4) 실험 설치 및 진행 방법

① 철사를 이용하여 강성이 서로 다른 여러 가지 형상의 용수철을 만든다.

- 용수철의 직경이 다른 경우
- 용수철의 나선 피치가 다른 경우
- 사용하는 철사의 직경이 다른 경우(재질은 동일)

② 용수철의 아래에 질량추를 매달고 변형량을 계측한다.

③ 질량추의 무게와 변형량으로부터 용수철의 스프링강성을 구한다.

$$F = k \cdot x \Rightarrow k = \frac{F}{x}$$

④ 강성값과 철사의 강도를 비교한다.

9_ 비틀림

9.1 개요

건축물에 있어서 비틀림과 같은 응력은 2차적 응력이므로 기존에는 일반적으로 사소하게 취급되었다. 그러나 건물의 외부 테두리에 놓여 있는 거더(큰 보)의[24] 경우는 건물 내부의 작은 보와 슬래브를 지지하면서 비틀림이 유발되는데 구조계획과 하중의 작용 상황에 따라 비틀림의 영향이 크게 나타나는 경우가 있다. 특히 철골구조에 있어서는 H형강의 개단면 형상으로 인하여 비틀림 효과가 더 크게 나타나므로 건물 외부 테두리에 위치한 거더와 같이 비틀림이 많이 작용하는 부재에 대해서는 신중한 검토가 필요하다. 본 장에서는 원통형 관과 사각봉(四角棒)에 대한 비틀림 실험을 통하여 비틀림에 관한 기본개념을 학습하기로 한다.

9.2 실험학습

9.2.1 실험학습-1[25] : 원통형 관의 비틀림

(1) 실험 목적

원통형 관에 비틀림 모멘트가 작용하는 경우, 비틀림 모멘트로 인해 발생하는 전단응력에 의해 표면의 형태에 변화가 나타나고, 재축에 직교하는 단면은 변형 후에도 평면을 유지한다는 것을 확인한다.

(2) 실험 개요

원통형 관은 주변에서 구하기 쉬운 파이프 보온재를 사용하고, 손으로 비틀림 모멘트를 가해 원통형 관의 표면의 형상변화를 관찰한다.

(3) 실험 준비물

- 파이프 보온재 : 원통형 관의 제작 소재
- 스티로폼 풀 : 파이프 보온재와 스티로폼을 접합
- 스티로폼(두께 20mm) : 원통형 관의 상부와 하부에 덮개

---

24) 기둥과 기둥 사이에 있는 보를 거더(Girder)라 한다.
25) 日本建築學會, 構造入門教材: ちからとかたち, 技報堂, 2002. pp.47~50의 내용을 참조함.

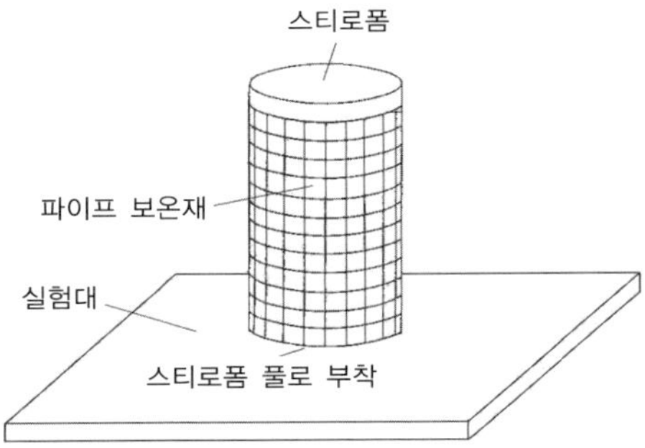

그림 9.1 모형 개략도

사진 9.1 원통형관 모형

- 열선 커터 : 스티로폼의 가공용도
- 커팅 매트
- 일반 커터

(4) 실험 설치와 진행방법

① 파이프 보온재에 먼저 격자판 모양의 메시(25mm 간격)를 그린다.(사진 9.2 참조)
② 원통형 관의 상부에 스티로폼으로 된 원판의 뚜껑을 스티로폼 풀로 접착한다.
③ 원통형 관을 실험대에 스티로폼 풀로 접착한다.
④ 손으로 상부 스티로폼에 비틀림 모멘트를 재하한다.(사진 9.3, 사진 9.4 참조)

사진 9.2 격자 메시

사진 9.3 시계방향 비틀림

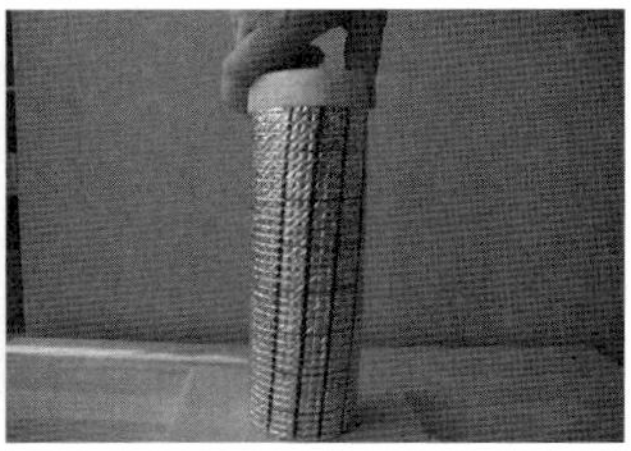

사진 9.4 반시계방향 비틀림

원통형 관의 표면에 그려진 정사각형의 격자(사진 9.2)가, 재하 후에는 평행사변형의 형태로 변형되는 것을 확실히 볼 수 있다.(사진 9.3, 사진 9.4) 이것으로 원통형 관이나 원기둥의 경우, 비틀림 모멘트에 의해 원통형 관의 표면에 전단응력이 생기는 것을 알 수 있다.

(5) 실험 주의사항

손으로 실험대와 상부 스티로폼을 잡고 비틀림 모멘트를 가할 때, 원통형 관의 재축 방향이 일정하게 유지될 수 있도록 주의한다.

• 추가학습 | 직경 및 두께의 변화에 따른 전단변형의 차이 이해

- 원통형 관의 직경 및 두께의 변화에 따라 전단변형이 다르게 나타난다는 것을 확인한다.
- 직경과 두께가 다른 파이프 보온재 2종류를 이용하여 모형 2개를 만들고 동일한 비틀림 모멘트를 작용시켜 두 모형의 전단변형 차이를 관찰한다.

(1) 비틀림 각과 전단변형도의 이해

- 그림 9.2에 나타낸 것과 같이 단위길이의 원통형 관에 비틀림 모멘트 M_t가 작용할 때, 비틀림각 θ는 다음의 식과 같다.

$$\theta = \frac{M_t}{GI_P},\ I_P = \pi(r^4 - r_0^4)/2,\ M_t = P \times 2r$$

여기서, I_P : 중공 단면의 단면극2차모멘트[26)]

G : 전단탄성계수

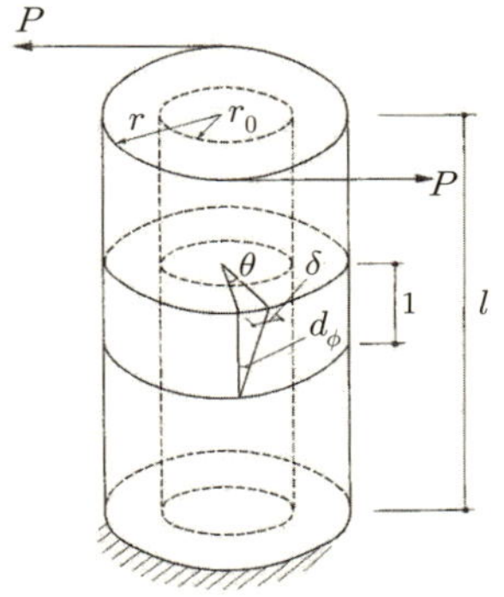

그림 9.2 비틀림 전단변형

- 그림 9.2에서 알 수 있듯이, 비틀림각 θ와 전단변형도 d_ϕ와는 다음의 관계가 있다.

$$d_\phi \times 1 = r\theta$$

따라서 위의 두 식에 의해 전단변형도 d_ϕ는 아래와 같다.

$$d_\phi = \frac{M_t}{GI_P}r = \frac{4Pr^2}{\pi G(r^4 - r_0^4)}$$

(2) 전단변형도 계산 예

동일한 비틀림 모멘트를 받는 두 원통형 관에 대한 전단변형도의 크기를 표 9.1에 나타낸 치수를 토대로 비교해 본다.

26) Part 4 단면의 성질 참조

표 9.1 원통형 관의 치수

	t	r_0	r
파이프 보온재 Ⅰ	1	3	4
파이프 보온재 Ⅱ	2	3.5	5.5

위에서 제시한 전단변형도 d_ϕ식에 표 9.1의 치수를 대입한다.

$$d_{\phi\,\mathrm{I}} = \frac{4\,P4^2}{\pi G(4^4 - 3^4)}, \qquad d_{\phi\,\mathrm{II}} = \frac{4\,P5.5^2}{\pi G(5.5^4 - 3.5^4)}$$

$$d_{\phi\,\mathrm{I}} = 0.0914, \qquad d_{\phi\,\mathrm{II}} = 0.0395$$

$$d_{\phi\,\mathrm{I}} : d_{\phi\,\mathrm{II}} = 0.0914 : 0.0395 = 2.31 : 1$$

이 계산 예에서 알 수 있듯이, 원통형 관의 직경과 두께의 변화에 따라 전단변형의 차이가 나타남을 알 수 있다.

9.2.2 실험학습–2[27] : 사각봉(四角棒)의 비틀림

(1) 실험 목적

원통형 관의 비틀림과 사각봉의 비틀림에 대한 차이점을 파악한다.

(2) 실험 개요

비틀림 모멘트에 대한 사각봉의 저항은 단면이 원형 및 원통형 관인 경우와 그 외의 다른 단면의 경우, 예를 들어 사각봉과 같은 경우가 있다. 원통형 관의 경우는 재축에 직교하는 단면이 변형 후에도 평면을 유지하는 것에 비하여 사각봉과 같은 경우는 평면을 유지하지 못한다. 이에 사각봉에 대한 비틀림 실험을 실시하여 결과를 고찰한다.

(3) 실험 준비물

- 우레탄폼 사각봉(예 : 60×60×200mm)
- 스티로폼 풀 : 우레탄폼 사각봉과 스티로폼을 접합
- 스티로폼(두께 20mm) : 사각봉의 상부와 하부에 덮개(핑크 보드)
- 열선 커터 : 우레탄폼 사각봉과 스티로폼의 가공용도

27) 日本建築學會, 構造入門教材: ちからとかたち, 技報堂, 2002. pp 47-50의 내용을 참조함.

- 커팅 매트
- 일반 커터 : 우레탄폼 사각봉 절단용도

(4) 실험 설치와 진행방법

① 먼저 우레탄폼 사각봉에 20mm 간격의 격자판 모양의 메시를 그린다.(사진 9.5 참조)

② 실험학습-1의 원통형 관 대신에 폭 60mm의 사각 기둥인 우레탄폼 사각봉의 상부와 하부에 스티로폼 뚜껑을 붙여 사각봉을 만든다.(사진 9.5 참조)

③ 양손으로 상부와 하부의 스티로폼 부분을 붙잡고, 한 쪽에 회전(비틀림 모멘트)을 재하한다.(사진 9.6, 사진 9.7 참조)

④ 사각봉의 표면에 그려진 격자가 변형 후에 평행사변형으로 유지가 되는지 확인한다.

사진 9.5 격자 메시

사진 9.6 시계방향 비틀림

사진 9.7 반시계방향 비틀림

(5) 실험 주의사항

손으로 상부와 하부의 스티로폼을 잡고 비틀림 모멘트를 가할 때, 사각봉의 재축방향이 일정하게 유지될 수 있도록 주의한다.

실험학습-2의 결과는 격자가 변형 후에 평행사변형으로 유지되지 않고, 직선이 곡선으로 변형되는 현상이 나타난다. 이 현상을 뒤틀림(Warping)이라 한다. 이것을 그림으로 나타낸 것이 그림 9.3이다. 그림 9.3(a)에 나타낸 것처럼 사각봉의 단면요소 A, B, C, D, E를 고려한 경우, 구석에 있는 요소 A, E는 측면이 자유변이므로 전단응력이 작용하지 않아 전단변형이 생기지 못해 회전만 일어난다.(그림 9.3(c))

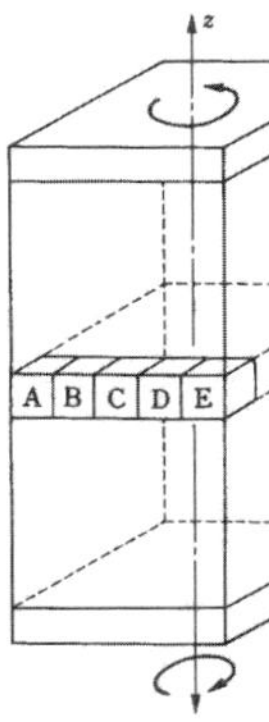

(a) 사각봉의 단면요소

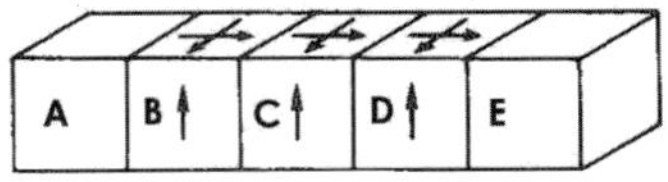

(b) 단면요소의 응력

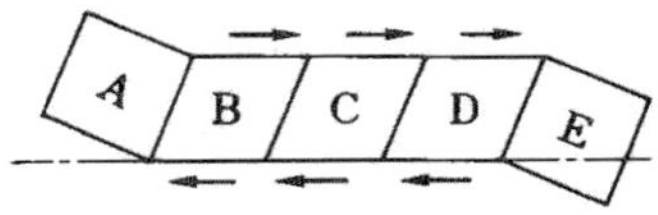

(c) 단면요소의 변형

그림 9.3 사각봉의 비틀림

10_ 좌굴

10.1 좌굴(Buckling)

그림 10.1과 같이 가늘고 긴 부재가 압축력을 받게 되면, 부재단면이 지지할 수 있는 최대내력에 도달하기 이전에 부재의 횡방향으로 안정성을 상실하는 현상을 좌굴이라 한다. 부재의 가늘고 긴 정도의 비율을 세장비($\lambda = l/i$)[28]라 하는데, 세장비가 클수록 조기에 좌굴이 일어난다.

구조부재를 고강도재료로 만들면 좌굴문제를 해결할 수 있을까? 기존의 설계와 동일한 조건에서 재료만 고강도재료로 바꾼다면 좌굴하중을 높일 수 있어서 좌굴이 잘 발생하지 않는다고 할 수 있다. 그러나 이는 매우 비경제적인 설계로서 실제적인 구조설계에 있어서는 고강도재료를 사용한다면 오히려 좌굴이 더 쉽게 발생하게 된다. 구조부재의 재료가 고강도이므로 부재의 단면을 더 작게 설계할 것이고 그 결과 세장비는 더욱 커지게 되기 때문이다.

이러한 이유로 인하여 콘크리트보다 강도가 10배 이상 높은 강재를 사용하는 강구조에서 좌굴문제가 더 많이 언급되고, 구조설계에 있어서 좌굴현상을 고려한 복잡한 구조설계 수식이 동반하게 되는 것이다.

좌굴현상은 기둥과 같은 압축재뿐만 아니라, 휨변형하는 보에서도 발생한다. 보가 휨변형하면 중립축을 기준으로 한쪽은 인장응력이 생기지만 다른 한쪽은 압축응력이 유발되기 때문이다. 좌굴에 대해 보다 자세한 사항은 강구조 교재 또는 안정론에 관한 교재를 참고하기 바란다.

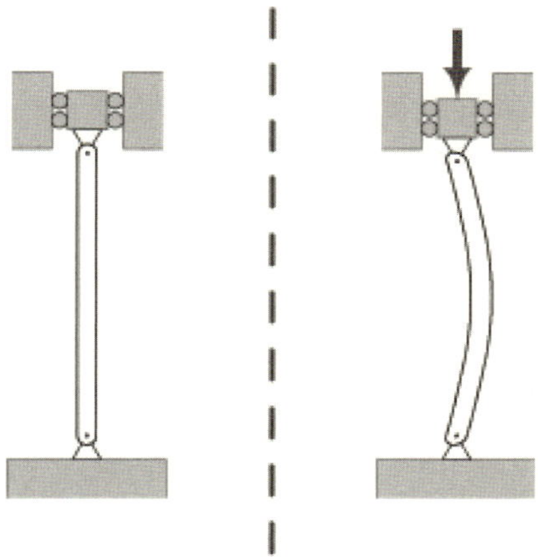

그림 10.1 압축재의 좌굴

28) 단면2차반경(i) : 부재의 좌굴에 대한 저항성능을 나타내는 단면의 성질로서 부재의 단면적(A)은 작고 단면2차모멘트(I)는 클수록 값이 커진다.($i = \sqrt{\frac{I}{A}}$)

10.2 탄성좌굴하중

그림 10.2와 같이 중심축압축력을 받은 양단 단순지지 압축재의 탄성좌굴 하중식을 간단히 유도하면 다음과 같다.

$$P_{cr} = \frac{\pi^2 EI}{l^2}$$

P_{cr} : 탄성좌굴하중

E : 부재의 탄성계수

I : 부재의 단면2차모멘트

l : 부재의 유효좌굴길이

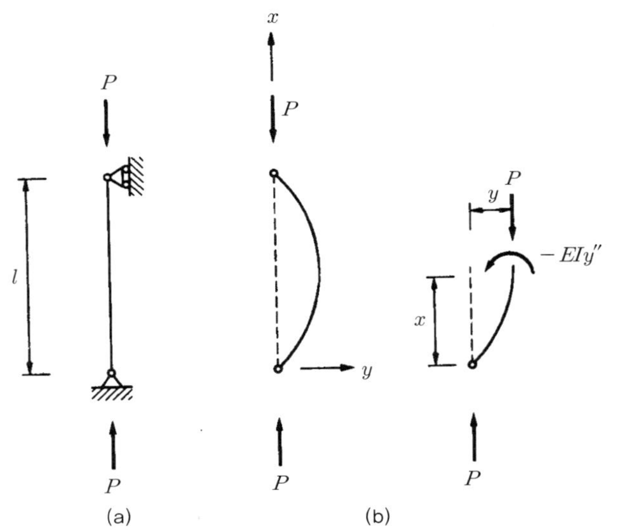

그림 10.2 중심축하중을 받는 양단 단순지지 압축재의 좌굴거동

원점에서 거리 x에 있는 단면의 내부저항모멘트는 다음과 같이 정리할 수 있다.

$$\frac{d^2y}{dx^2} + \frac{P_{cr}y}{EI} = \frac{d^2y}{dx^2} + \frac{M}{EI} = 0, \quad M = -EI\frac{d^2y}{dx^2}$$

외력에 대한 휨모멘트는 $P_{cr} \times y$이므로 평형조건을 적용하면 다음과 같이 놓을 수 있다.

$$-EI\frac{d^2y}{dx^2}P_{cr}y$$

여기에서, $k^2 = P_{cr}/EI$이라 놓고 식을 다시 정리한다.

$$\frac{d^2y}{dx^2}+k^2y=0$$

위 방정식의 일반해를 $y = A\sin kx + B\cos kx$라 놓으면, 경계조건으로부터 $x = 0$일 때, $y = 0$이어야 하므로 $B = 0$이 된다. 그리고 $x = l$일 때에도 $y = 0$이므로 $A\sin kl = 0$이 되어야 한다. 그런데 위의 일반해가 의미 있는 값을 갖기 위해서는 $A \neq 0$이어야 하므로 $\sin kl = 0$이 되어야 한다. 즉 $kl = n\pi$ $(n = 1, 2, 3, \ldots)$이어야 한다. 따라서 좌굴하중의 일반식은 다음과 같이 된다.

$$P_{cr} = \frac{n^2\pi^2EI}{l^2}$$

압축력을 받은 양단 단순지지 압축재의 좌굴형상은 단곡률의 사인곡선이므로 n=1인 경우에 해당한다. 이 경우에 대한 좌굴하중식은 다음과 같이 된다.

$$P_{cr} = \frac{\pi^2EI}{l^2}$$

위와 같은 좌굴하중식을 압축재의 지지단 조건에 따라 각각 유도하면 다음과 같이 된다.

• 중심압축력을 받는 양단고정 압축재(그림 10.3)

$$P_{cr} = \frac{4\pi^2EI}{l^2} = \frac{\pi^2EI}{(l/2)^2}$$

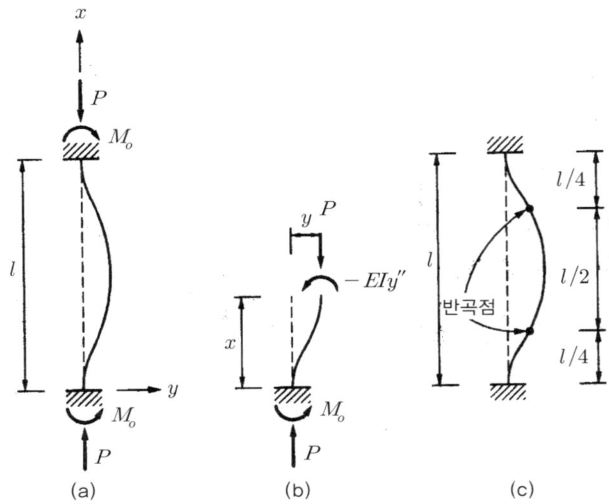

그림 10.3 중심축하중을 받는 양단 고정지지 압축재의 좌굴거동

• 중심압축력을 받는 캔틸레버 압축재(그림 10.4)

$$P_{cr} = \frac{\pi^2 EI}{4l^2} = \frac{\pi^2 EI}{(2l)^2}$$

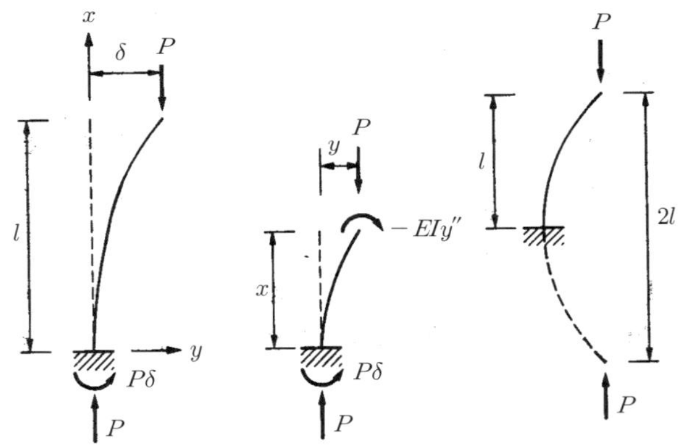

그림 10.4 중심축하중을 받는 캔틸레버 압축재의 좌굴거동

• 중심압축력을 받는 1단고정, 타단 단순지지 압축재(그림 10.5)

$$P_{cr} = \frac{20.2EI}{l^2} = \frac{\pi^2 EI}{(0.7l)^2}$$

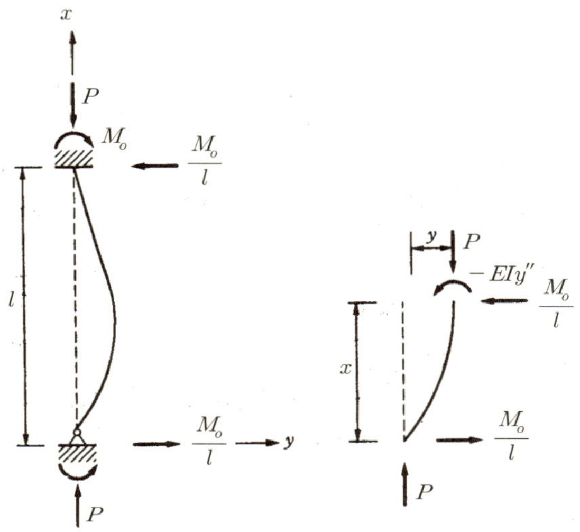

그림 10.5 중심축하중을 받는 한단고정, 타단힌지 압축재의 좌굴거동

위의 좌굴하중식에서 l, $0.5l$, $2l$, $0.7l$ 등은 지지단 조건에 따른 유효좌굴길이로서 l_k로 대체하면, 압축재의 좌굴하중식은 다음과 같이 일반화할 수 있다.

$$P_{cr} = \frac{\pi^2 EI}{l_k^2}$$

① 양단 단순지지 압축재 : $l_k = l$

② 양단 고정 압축재 : $l_k = 0.5l$

③ 한단 고정, 타단이동 압축재 : $l_k = 0.7l$

④ 캔틸레버형 압축재 : $l_k = 2l$

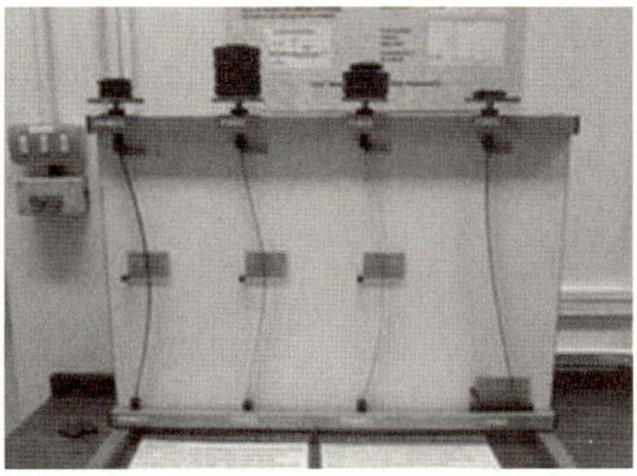

① ② ③ ④

그림 10.6 압축재의 지지단 조건에 따른 좌굴 변형 형상

10.3 좌굴응력(F_{cr})

좌굴하중을 압축재의 단면적으로 나누면 압축재의 좌굴응력이 된다.

$$F_{cr} = \frac{P_{cr}}{A} = \frac{\pi^2 EI}{l_k^2 A} = \frac{\pi^2 E i^2}{l_k^2} = \frac{\pi^2 E}{(l_k/i)^2}$$

여기에서, 세장비 $\lambda = l/i$ 이므로 좌굴응력식은 세장비에 관한 함수로 다음과 같이 나타낼 수 있다.

$$F_{cr} = \frac{\pi^2 E}{(l_k/i)^2} = \frac{\pi^2 E}{\lambda^2}$$

세장비 $\lambda = \frac{l_k}{i}$ (i : 단면2차반경, l_k : 유효좌굴길이)

- 좌굴하중에 영향을 미치는 요인

  압축재의 좌굴하중은 부재에 사용된 재료의 탄성계수, 부재의 단면2차모멘트, 부재의 길이와 지지단 조건에 따른 유효좌굴길이에 따라 크게 좌우된다. 탄성계수 또는 단면2차모멘트가 커지면 좌굴하중이 커지고, 유효좌굴길이가 길어지면 좌굴하중이 작아지게 된다.

$$P_{cr} = \frac{\pi^2 EI}{l_k^2}$$

10.4 실험학습

10.4.1 실험학습-1 : 강축과 약축에 대한 좌굴 방향

(1) 실험목적

강축과 약축의 차이에 따른 좌굴방향을 이해한다.

(2) 실험개요

H형 졸대, 60cm 막대자 등에 압축력을 가하여 좌굴이 일어나는 방향을 관찰하고 그 이유에 대하여 토론한다.

(3) 실험준비물

- H형 플라스틱 졸대

• 60cm 막대자(플라스틱 또는 강재)
• 그 외 몇 가지 단면형상의 여러 가지 막대
• 클램프

(4) 실험 설치 및 진행 방법

① 실험 대상 막대의 한쪽 단을 클램프에 고정한다.
② 압축재의 축방향으로 힘을 가하여 좌굴이 일어나게 한다.
③ 좌굴이 발생하는 방향을 관찰한다.
④ 좌굴이 그 방향으로 일어날 수밖에 없는 이유에 대하여 토론한다.

10.4.2 실험학습-2 : 좌굴 방향에 대한 보강

(1) 실험목적

강축과 약축의 좌굴영향과 좌굴방향에 대한 횡가새 지지 효과에 대하여 이해한다.

(2) 실험개요

강축과 약축의 단면2차모멘트 차이가 다양한 여러 가지 유형의 H형 졸대에 대하여 1차적으로 좌굴하중 실험을 하고, 2차적으로는 약축방향의 양쪽으로 횡가새 지지를 한 경우에 대하여 좌굴하중 실험을 한다. 2가지 경우에 있어서 좌굴하중의 차이를 비교하고, 좌굴방향의 변화에 대해서도 분석한다.

재료의 탄성계수를 알 수 있는 경우는 좌굴하중을 수식적으로 구하여 그 값과 실험적으로 구한 값을 비교한다. 탄성계수를 알지 못하는 경우는 탄성계수를 임의로 가정하여 좌굴하중을 구하고, 계산값의 상대적인 비율로서 좌굴하중을 분석하기로 한다.

(3) 실험준비물

• 강축과 약축에 대한 단면2차모멘트의 비율이 다른 여러 가지 H형 졸대(그림 10.7)
• 좌굴방향 측면 보강용 졸대 2개
• 지지단 구성 장치
• 질량추

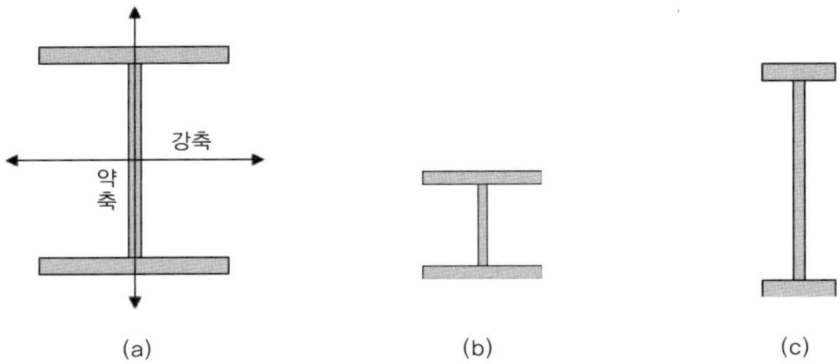

그림 10.7 압축재의 좌굴실험 부재단면

(4) 실험 설치 및 진행 방법

① 그림 10.7(a), (b),(c) 3가지 압축재에 대한 좌굴하중을 수식으로 계산한다. 탄성계수를 모르는 경우는 임의의 값으로 가정하여 3가지 압축재의 강축, 약축에 대한 좌굴하중을 상대적인 값으로 구한다.

② 3가지 압축재에 대한 좌굴실험을 실시하여 각각의 좌굴하중을 계측하고, 좌굴방향을 관찰한다.

③ 3가지 압축재의 중간에 약축방향 양쪽으로 가새를 설치한 경우에 대한 좌굴하중을 수식으로 구한다.

④ (a), (b), (c)에 대하여 부재의 중간에 약축방향 양쪽으로 좌굴에 대한 가새보강을 설치한다.

⑤ 3가지 압축재에 대한 좌굴실험을 실시하여 각각의 좌굴하중을 계측하고, 좌굴방향을 관찰한다.

⑥ 가새보강을 설치하지 않은 경우와 설치한 경우에 대한 좌굴하중과 좌굴방향에 대하여 분석하고 토론한다.

(5) 실험 주의사항

• 좌굴에 대한 편심력 효과는 매우 크므로 편심가력이 되지 않도록 주의한다.

PART 4

단면의 성질

11_ 단면의 성질

11.1 단면의 성질(Section Properties)

단면의 성질은 부재 단면의 기하학적 형상에 대한 성질로서 구조물의 구조적인 거동이나 내력에 영향을 미친다. 구조역학에서 자주 활용하는 기본적인 단면의 성질 몇 가지를 살펴보면 다음과 같다. 단면의 성질은 구조역학의 이해에 기본이므로 보다 자세한 사항은 구조역학 교재를 참조하여 그 내용을 숙지할 필요가 있다.

- 단면1차모멘트(Statical Moment) : 그림 11.1에서 단면의 미소면적(dA)이 기준이 되는 대상축으로부터 떨어진 거리를 전체 면적에 대하여 적분한 것을 단면1차모멘트라 한다. 또는 기하모멘트(Geometrical Moment)라 한다. 단위의 차원은 길이의 세제곱이다.

$$S_x = \int_{(A)} y dA$$

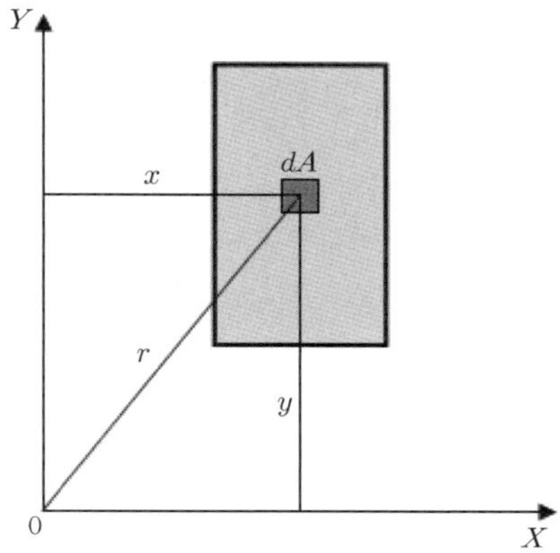

그림 11.1 부재단면과 좌표축

단면1차모멘트는 도심의 위치를 계산하거나 보의 전단응력도를 계산하는데 활용된다.

- **단면2차모멘트(Moment of Inertia : 관성모멘트)** : 그림 11.1에서 단면의 미소면적(dA)이 기준이 되는 대상축으로부터 떨어진 거리의 제곱을 전체 면적에 대하여 적분한 것을 단면2차모멘트라 한다. 또는 관성모멘트(Inertia Moment)라 한다. 단위는 길이의 네제곱이다.

$$I_x = \int_{(A)} y^2 dA$$

단면2차모멘트는 단면의 성질을 지배하는 매우 중요한 계수로서 그 용도가 다양하다.

－단면계수의 계산 : 단면계수 $Z = \frac{I}{y}$(y : 중립축에서 단면 연단부까지의 거리)

－단면2차반경의 계산 : 단면2차 반경 $i = \sqrt{\frac{I}{A}}$

－단면극2차모멘트 계산 : $I_p = I_X + I_Y$

－부재의 처짐과 처짐각, 좌굴하중의 계산

－부재의 강성 계산

－휨응력도 및 전단응력도의 계산

단면2차모멘트의 용도에서 살펴보듯이, 단면2차모멘트는 부재의 휨강성, 전단강성, 좌굴성능 등에 절대적인 영향을 미친다. 간단히 말해, 단면2차모멘트가 크면 클수록 부재의 제반 성능이 좋아진다고 보면 된다.

- **단면극2차모멘트(Geometrical Polar Moment of Inertia)** : 그림 11.1에서 단면의 미소면적(dA)이 기준이 되는 직교좌표축의 원점으로부터 떨어진 거리의 제곱을 전체 면적에 대하여 적분한 것을 단면극2차모멘트라 한다.

$$I_p = \int_{(A)} r^2 dA = I_X + I_Y$$

단면극2차모멘트는 부재의 비틀림응력도를 계산하는데 사용된다.

- **단면상승모멘트(Product of Inertia)** : 그림 11.1에서 단면의 미소면적(dA)에 기준이

되는 직교좌표축으로부터 떨어진 거리 x와 y를 곱한 것을 전체 면적에 대하여 적분한 것을 단면상승모멘트라 한다.

$$I_{XY} = \int_{(A)} x \cdot y\, dA$$

단면상승모멘트는 부재의 주축을 구하는데 사용된다.

- **그 외 단면의 성질** : 위에서 설명한 단면의 성질로부터 여러 가지 단면의 성질을 구할 수 있다. 여러 가지 단면의 성질에 관한 자세한 사항은 일반적인 구조역학 교재를 참고하기 바란다.
  - 도심(Centroid) : 도형의 기하학적 중심을 말한다. 도심을 지나는 축에 대한 단면1차모멘트는 0이다.
  - 단면계수(Z) : 부재의 휨내력을 구하는데 사용한다.($M = \sigma \cdot Z$)
  - 단면2차반경(i) : 부재의 좌굴성능을 결정한다.
  - 단면의 주축 : 도심을 지나는 무수히 많은 축 중에서 단면2차모메트 값이 최대 또는 최소가 되는 한 쌍의 축을 주축이라 한다. 대칭단면의 주축은 직관적으로 구할 수 있으나 비대칭 부정형 단면인 경우는 주축을 찾아서 최대/최소 단면2차모멘트를 구할 수 있어야 한다.

- **직사각형 단면에 대한 단면2차모멘트**

구조물에 사용되는 구조부재의 단면에는 여러 가지 형상이 있으나 가장 일반적으로 사용되는 직사각형 단면에 대하여 간단히 살펴보기로 한다. 그림 11.2와 같이 밑변의 길이가 B이고, 높이가 H인 단면이 있다. 축 $X_0 - X_0$를 단면의 X방향 중립축이라[29] 하고, 축 $Y_0 - Y_0$를 Y방향 중립축이라 할 때,

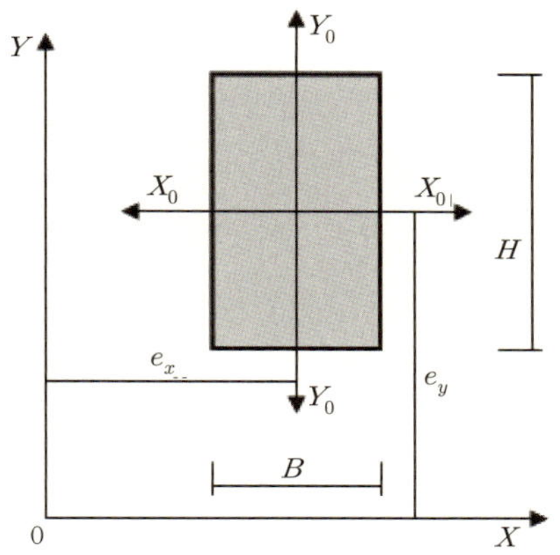

그림 11.2 부재의 중립축과 편심거리

29) 부재의 단면에서 휨응력이 0이 되는 축(면)을 중립축(면)이라 한다.

중립축 X_0와 Y_0를 기준으로 한 단면2차모멘트는 다음 식으로 구한다. 유도과정은 구조역학 교재를 참고하기로 한다.

$$I_{X_0} = \frac{BH^3}{12}$$

$$I_{Y_0} = \frac{HB^3}{12}$$

중립축을 기준으로 한 단면2차모멘트를 알고 있으면, 임의의 축에 대한 단면2차모멘트는 다음 식으로 간편하게 구할 수 있다. 다음 식에서 A는 부재의 단면적이고, e_x와 e_y는 부재의 중립축이 Y축과 X축으로부터 떨어진 각각의 편심거리이다.

$$I_X = I_{X_0} + A \cdot e_y^2$$

$$I_Y = I_{Y_0} + A \cdot e_x^2$$

11.2 강축과 약축

그림 11.3과 같이 단면의 도심을 지나는 주축에 있어서 최대 단면2차모멘트의 기준이 되는 축을 강축이라 하고, 최소 단면2차모멘트의 기준이 되는 축을 약축이라 한다. 세워 놓은 직사각형 단면 또는 H형 단면의 경우 도심을 지나는 X축이 강축이 되고, 도심을 지나는 Y축이 약축이 된다.

강축에 대한 여러 가지 단면의 성질은 모두 최대값으로 계산되고, 약축에 대한 여러 가지 단면의 성질은 모두 최소값으로 계산된다. 즉 강축에 대해서는 $I_{\max}$, $i_{\max}$, $Z_{\max}$이 계산되고, 약축에 대해서는 $I_{\min}$, $i_{\min}$, $Z_{\min}$이 계산된다.

강축에 대해서는 부재의 휨성능, 좌굴성능이 최대값을 발휘하게 되므로 가장 효율적인 부재설계가 되고, 약축에 대해서는 부재의 휨성능, 좌굴성능이 최소값을 발휘하게 되므로 가장 불리한 경우의 설계가 된다.

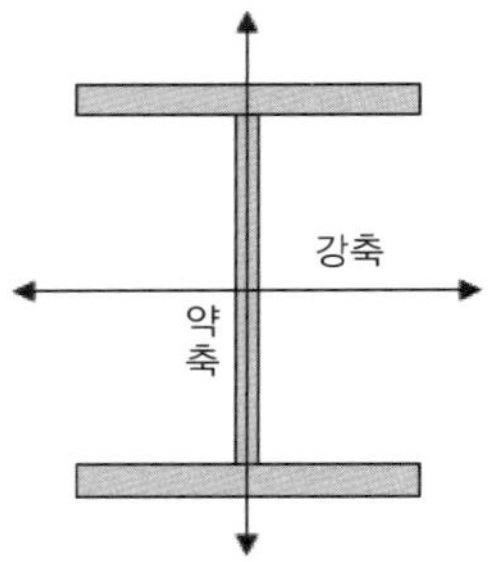

그림 11.3 H형 단면의 강축과 약축

강축과 약축이라는 용어가 방향의 개념과 함께 사용될 때는 종종 혼돈스러울 때가 있다. 교재 또는 업무상에서 말하는 "강축방향"이라는 말은 엄밀히 말하면 강축의 성질이 나오는 방향이라는 뜻이다. 즉 강축에 직교하는 방향을 의미하게 된다. 부재단면의 성질은 기준이 되는 축에 대하여 떨어진 거리에 관계한 값이므로 기준축에 직교하는 방향이기 때문이다. 따라서 교재에서든 업무상에서든 "강축방향"이라는 말이 나오면 이는 강축의 축방향이 아니라 부재강성이 커지는 방향이라고 생각하는 것이 좋다.

11.3 실험학습

11.3.1 실험학습-1 : 단면적이 같은 여러 가지 단순보의 처짐

(1) 실험목적

단면의 형상에 따른 단면2차모멘트의 차이와 그 효과를 이해함

(2) 실험개요

재질, 단면적, 부재의 길이가 동일하되 단면의 형상이 다른 여러 가지 유형의 보를 만들어 휨성능의 차이를 파악한다. 휨에 대해 성능이 우수한 것은 처짐이 적게 발생할 것이다. 실험용 보로 만든 단면에 대하여 각각의 단면2차모멘트를 계산하여 그 차이의 비율과 순서를 확인한다. 중앙 집중하중을 받는 단순보의 중앙부 최대처짐은 단면2차모멘트에 정비례하므로 실험에서 구한 처짐값도 이와 유사한 경향을 보여야 한다. 단, 과도한 하중을 작용시키게 되면 부재의 횡좌굴이나 국부좌굴, 하중점 좌굴이 일어날 수 있으므로 질량추의 양을 적당히 해야 한다.

(3) 실험준비물

- 5mm 우드락으로 여러 가지 단면의 보 제작(길이 60cm)(그림 11.4 참조)
  - ① 단면 2cm×3cm인 직사각형 단면 2개(하나는 가로형, 하나는 세로형 보로 실험함)
  - ② 단면적이 6cm^{2}인 H형 단면
  - ③ 단면적이 6cm^{2}인 정사각형 단면
  - ④ 단면적이 6cm^{2}인 속이 빈 정사각형 단면
- 단순보 지지단에 필요한 재료
- 질량추
- 막대자 : 처짐량 계측
- 버니어캘리퍼스 : 우드락 단면치수 계측

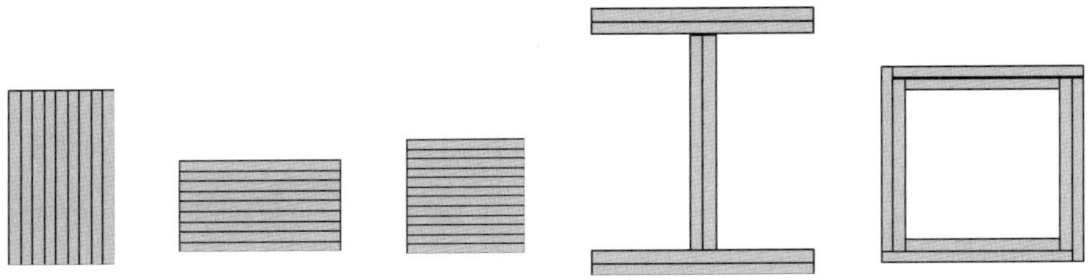

그림 11.4 단면적이 동일한 여러 가지 단면형상

(4) 실험 설치 및 진행방법

① 여러 가지 단면형상의 실험용 보를 만든다.
우드락의 접합에 사용하는 접착제의 두께를 균일하게 하고, 접착제가 완전히 경화한 다음에 실험하도록 한다.

② 실험용 보의 단면 치수를 재어서 각각에 대한 단면2차모멘트를 구한다.

③ 그림 11.5와 같이 실험용 보를 50cm 경간의 양단 단순지지 보로 설치한다.

④ 단순보의 중앙점에 질량추를 매단다.

⑤ 중앙부 최대처짐을 계측한다.

⑥ 동일한 질량추 하중량에 대하여 다른 단면형상의 실험용 보에 대하여 동일한 실험을 하고 중앙부 최대처짐을 계측한다.

⑦ 부재단면의 단면2차모멘트 차이에 따른 최대처짐의 차이를 분석한다.

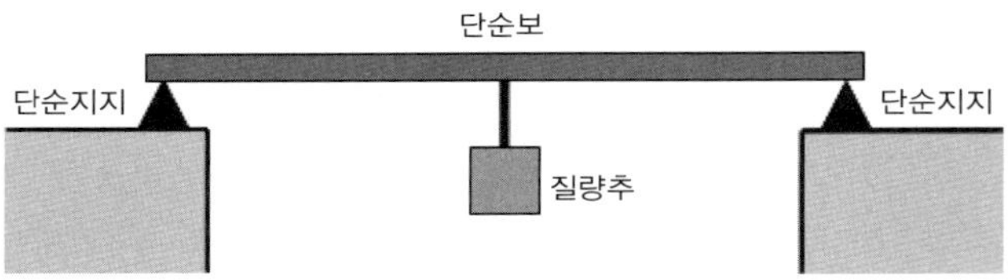

그림 11.5 단순보의 처짐 실험

(5) 실험 주의사항

- 휨내력이 가장 약한 것을 대상으로 먼저 실험하고, 그 때의 질량추 하중을 기준으로 하여 다른 단면에 대한 실험을 수행한다.
- 처짐이 과도하게 발생하여 단순지지에서 지지단이 미끄러지지 않도록 주의한다.
- 사용한 접착제의 두께와 양으로 인한 영향은 무시하기로 한다.

11.3.2 실험학습-2 : 겹판보의 처짐(일체형과 분리형)

(1) 실험목적

여러 개의 판으로 겹쳐진 보에서 판과 판이 일체로 접합된 경우와 판과 판이 접합되지 않은 경우의 휨모멘트와 휨내력 비교

(2) 실험개요

동일한 치수의 판을 여러 개 준비하여 하나는 접착제로 일체화한 보를 만들고 다른 하나는 접착하지 않은 보를 만든다. 두 가지의 경우에 대하여 단면2차모멘트를 구하고 단순보 실험을 하여 처짐량을 비교한다.

여러 개의 판을 접합한 보는 단면이 일체가 되었으므로 전체 단면에 대한 단면2차모멘트로 구해야 하고, 여러 개의 판을 접합하지 않은 보는 단면의 성능이 각각 분리되어 있으므로 각 판에 대한 단면2차모멘트를 구하여 더한다.

두 가지 경우에 대한 단순보 실험과정에서 처짐량의 계측과 함께 휨변형의 양상을 살펴보도록 한다. 그림 11.6(a)과 같이 일체화되지 않은 보의 경우는 각 판의 면 사이에서 슬립(Slip)이 일어나고, 각각 독립적으로 휨변형함을 살펴볼 수 있다. 그림 11.6(b)와 같이 일체화된 겹판보의 경우는 판과 판 사이에서 슬립이 일어나지 않고, 가장 하부의 판은 본래 길이보다 길어지는 인장변형을 하게 되고, 가장 상부의 판은 본래 길이보다 짧아지는 압축변형을 하게 된다.

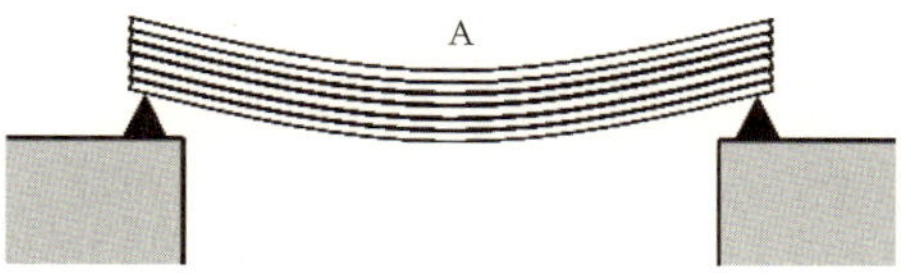

(a) 일체화되지 않은 겹판보

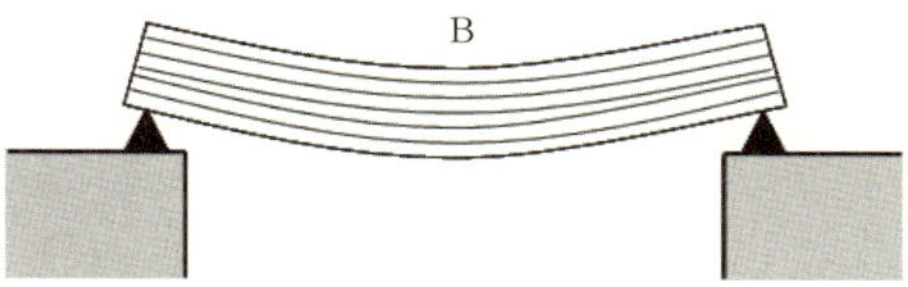

(b) 일체화된 겹판보

그림 11.6 일체형 단면보와 분리형 단면보의 처짐형상

(3) 실험준비물

- 5mm 우드락 : 5mm×5cm×60cm 판재 12장
- 아크릴 접착제
- 단순보 지지단에 필요한 재료
- 질량추

• 막대자 : 처짐량 계측
• 버니어캘리퍼스 : 우드락 단면치수 계측

(4) 실험 설치 및 진행방법

① 5mm×5cm×60cm 우드락 판재 12장을 준비한다.
② 우드락 판재에 대한 단면치수를 계측하고, 한 장 단면에 대한 단면2차모멘트를 구한다.
③ 우드락 판 6장을 단순히 겹치고, 고무줄 3~5개로 약하게 묶어서 A보를 만든다.
④ 우드락 판 6장을 접착제로 부착하여 겹쳐서 B보를 만든다.
⑤ B보의 접착제가 완전히 경화하면, B보의 단면을 계측하고 단면2차모멘트를 계산한다.
⑥ A, B보의 중앙부에 질량추로 집중하중을 가하여 중앙부 최대처짐을 구한다.
⑦ A, B보의 처짐현상의 차이점을 관측한다.
⑧ A, B보의 단면2차모멘트 차이와 일체성 차이로 인한 처짐량과 처짐현상의 차이점에 대하여 분석하고 토론한다.

(5) 실험 주의사항

• 일체형 보의 접착제가 완전히 경화하지 않으면 겹판 간에 미끄러짐이 발생할 수 있다.
• 처짐이 과도하게 발생하여 단순지지에서 부재가 미끄러지지 않도록 주의한다.

• 추가학습 | 도심, 무게중심, 강심, 전단중심

• 도심(Centroid) : 앞에서 설명한 바와 같이 도심은 도형의 기하학적 중심이다. 정사각형의 판재가 있는데, 정사각형 판재의 두께가 한 쪽은 두껍고, 다른 쪽은 얇더라도 정사각형 도형의 기하학적 중심은 중앙이다. 정사각형 판재의 한 쪽은 강재로 되어 있고 다른 쪽은 가벼운 플라스틱으로 되어 있어도 역시 정사각형의 도심은 중앙이다. 단면의 도심은 전적으로 단면의 형상에 따른 기하학적 중심이므로 단면의 두께변화 또는 무게의 불균등에는 관계가 없다.

- 무게중심(Center of Gravity) : 정사각형 단면의 판재라 하더라도 한 쪽은 무거운 재질로 되어 있고 다른 쪽은 가벼운 재질로 되어 있다면 무게 중심은 정사각형 중앙이 아니라 무거운 쪽으로 이동하게 된다. 동일한 재질로 된 판재라 하더라도 두께가 다르다면 두꺼운 쪽이 무게가 무거우므로 무게 중심은 그 쪽으로 이동하게 된다.
  무게 중심은 물체의 하중이 연직방향으로 평형을 이루는 어느 한 점을 말한다. 무게가 불균질한 판재의 무게 중심점 아래에 송곳을 놓으면, 판재는 수평을 이루고 어느 한 쪽으로 기울어지지 않는다.
- 강심(Center of Stiffness) : 강성(Stiffness)의 중심점을 강심이라 한다. 구조물의 강성은 구조물의 전체적인 형상과 구조시스템에 따라 달라진다. 구조물의 질량 중심과 강심이 일치하지 않으면 바람이나 지진하중으로 인하여 비틀림을 동반한 복잡한 거동이 나타난다.
- 전단중심(Shear Center) : 하중의 작용선이 단면의 어느 특정점을 지날 때에는 비틀림이 발생하지 않는데, 이 점을 전단중심이라 한다. H형강과 같은 상하좌우 대칭단면인 부재는 단면의 중심과 전단중심이 일치한다. 그러나 비대칭 단면의 경우는 단면의 중심과 전단중심이 일치하지 않는다. 구조물에 흔히 사용되는 강재의 단면에 대한 몇 가지 전단중심 사례를 살펴보면 그림 11.7과 같다. ㄷ형강의 경우 단면의 중심은 ㄷ형강 안쪽에 있으나 전단중심은 단면의 바깥쪽에 있다. 하중의 작용점이 단면의 중심에 작용하면 오른쪽으로 비틀림이 발생한다. ㄷ형강 부재에 비틀림이 발생하지 않게 하중을 작용시키고 싶으면 ㄷ형강 웨브의 바깥쪽에 있는 전단중심 위치를 찾아서 그 점을 지나는 방향으로 하중을 작용시켜야 한다.

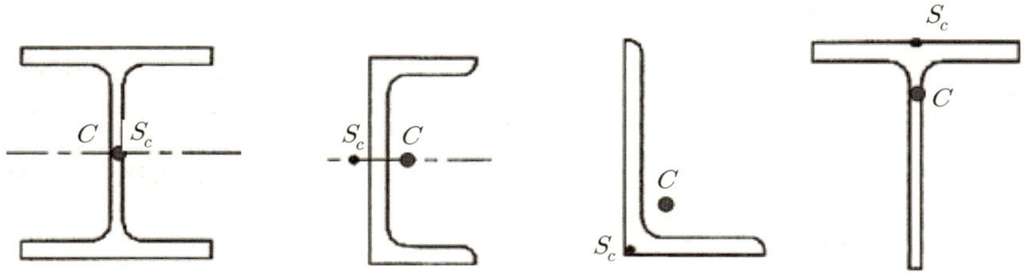

그림 11.7 단면의 중심과 전단중심

11.3.3 실험학습-3 : 전단중심의 이해를 위한 비틀림 실험

(1) 실험목적

전단중심의 개념을 학습하고 단면의 중심과 전단중심의 차이점을 이해한다.

(2) 실험개요

5mm 우드락을 사용하여 그림 11.8과 같은 H, ㄷ, L형 단면의 형강모형을 만들고, 이들에 대하여 단면의 중심에 하중을 작용시켜보고, 전단 중심 위치에 하중을 작용시켜 본다. ㄷ형강의 경우 하중을 바깥쪽에 작용시켜야 비틀림이 발생하지 않는다는 것이 직관적으로 받아들여지지 않을 수 있다. 직접 실험하여 전단중심의 효과를 시각적으로 학습하도록 한다.

(3) 실험준비물

- 5mm 우드락 : H, ㄷ, L형 단면의 단순보 모형을 제작함.
- 아크릴 접착제
- 단순보 지지단에 필요한 재료
- 질량추
- 버니어캘리퍼스 : 우드락 단면치수 계측

(4) 실험 설치 및 진행방법

① 5mm 두께의 우드락을 이용하여 그림 11.8과 같이 H, ㄷ, L형 단면의 형강모형을 제작한다.

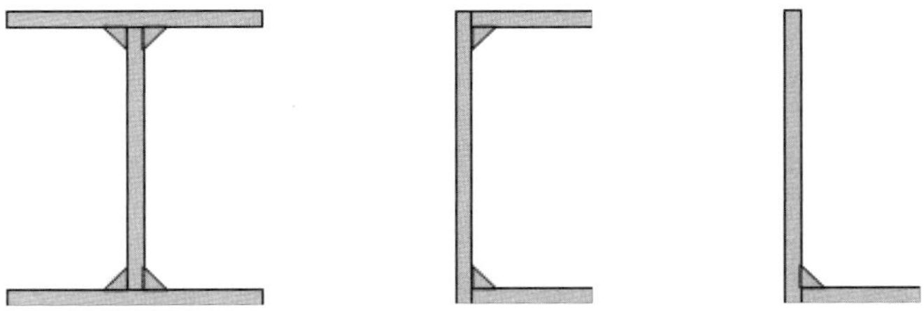

그림 11.8 전단중심의 이해를 위한 실험부재의 단면

② 형강모형에 대한 단면치수를 계측하고, 단면의 중심과 전단중심 위치를 계산한다.

③ 3가지 형강 모형에 대하여 단면의 중심을 지나는 축선상에 질량추를 매단다.

④ 3가지 형강 모형에 대하여 전단중심을 지나는 축선상에 질량추를 매달아 하중을 가한다. ㄷ형강에 대해서는 상부 또는 하부플랜지에 웨브 바깥쪽 방향으로 돌출판을 부착하여 여기에 질량추를 매단다.

⑤ 단면의 중심과 전단 중심에 하중을 작용시킨 경우에 비틀림 변형의 차이점을 관찰하고, 이에 관하여 토론한다.

(5) 실험 주의사항

- 단면의 중심과 전단중심의 위치를 수식적으로 정확히 구하여야 한다.
- 단면의 중심과 전단중심점에 하중을 어떻게 작용시킬 것인가에 대한 아이디어가 필요하다.

PART 5

구조시스템

12_ 단순보

12.1 개요

단순보는 정정구조물 가운데 가장 간단한 구조이다. 유럽의 그리스 및 로마 등에서 석재로 만든 신전 등이 대표적인 예라고 할 수 있다. 석재가 보로 사용될 때는 장 경간 부재로는 사용하기 어렵다. 자중에 의한 모멘트로 인해 보부재 하부에 큰 인장력이 발생하여 균열이 발생하기 때문이다. 구조해석을 할 때는 단순보의 양단 중 한 쪽은 이동단, 다른 한 쪽은 회전단으로 모형화한다.

12.2 단순보의 사례

단순보의 사례는 다리 등에서 찾아 볼 수 있다. 전남 함평의 고막천 석교가 대표적이라 할 수 있다.(사진 12.1, 12.2) 전남 화순의 대원사 돌다리도 단순보의 형태를 취하고 있다.(사진 12.3) 그리스의 파르테논 신전은 석재를 가공하여 만들었으며 기둥을 세운 후, 기둥 위에 단순보 구조형태로 보부재를 걸쳐 놓았다.(사진 12.4)

사진 12.1 고막천 석교(한국 함평)

사진 12.2 고막천 석교(한국 함평)

사진 12.3 대원사 돌다리(한국 화순)

사진 12.4 파르테논신전(그리스)

사진 : http://nisee.berkeley.edu/godden/ 인용

본 장에서는 단순보에 대한 실험학습을 실시하여 정정구조물의 특징을 배운다. 구조역학에서 재료의 성질을 나타내는 탄성계수와 단면의 성질 가운데 휨에 대한 저항을 나타내는 단면2차모멘트에 대해 배운다. 실험학습에서 사용하는 처짐식은 다음과 같다.

중앙에 집중하중 P가 가해지는 경우, C점의 처짐 δ를 나타내는 식

$$\delta = \frac{Pl^3}{48EI}$$

E : 탄성계수 I : 단면 2차 모멘트

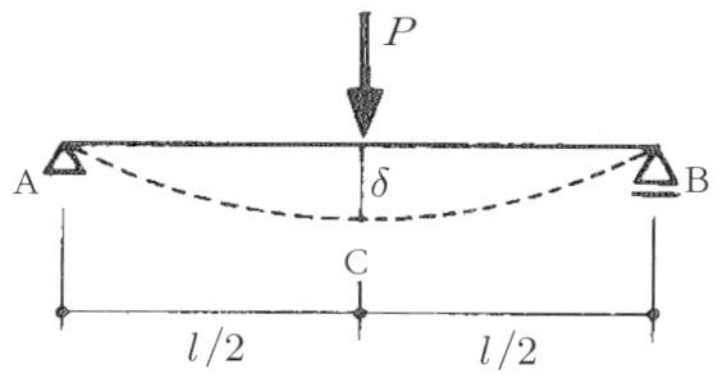

12.3 실험학습

12.3.1 실험학습-1 : 단순보의 탄성계수 구하기[30]

(1) 실험 목적

정정구조물인 단순보에 작용하는 하중과 각 지점에서의 반력과 평형상태를 고려하여 탄성계수와 단면2차모멘트를 구하는 방법을 이해한다.

(2) 실험 개요

단순보를 만들어 중앙부의 처짐이 1cm가 되는 하중을 구한다. 이 하중에 대한 각 지점의 반력을 구해서 부재의 단면2차모멘트와 탄성계수를 계산한다. 실험 정밀도가 결과값에 영향을 미치므로 주의한다.

(3) 실험 준비물

- 부재 길이 100cm의 각재(목재) 1개(단면 1cm×1cm)
- 앉은뱅이저울 2대 : 접시가 평평한 것이 좋다.
- 실 : 부재 처짐 계측을 위해 부재 양단을 연결하는 용도
- 빈 필름통에 고무줄 링을 감은 것 : 회전단과 이동단 지점 2개
- 질량추 : 10원짜리 동전[31] 1kg 정도(약 250개)

(4) 실험 설치와 진행방법

- 실험 방법

  중앙부에서의 처짐이 1cm로 되는 하중(질량추의 무게)과 이때의 반력(각 지점의 저울 눈금)을 구하여 단면2차모멘트를 구한 후, 부재의 탄성계수를 계산한다.

- 실험 순서

① 각재의 4면에 지점 2개소(회전단, 이동단)와 부재의 중앙 재하점의 위치를 표시한다.

② 중심간격이 90cm가 되도록 앉은뱅이저울 2대를 놓는다. 먼저 각 앉은뱅이저울의 눈금이 0을 가리키는지를 확인한다. 그리고 양쪽 저울의 접시 중앙에 이동단과 회전단의 지점을 지점용 실험 준비물(빈 필름통)을 이용하여 설치한다. 이동단의 중

---

30) 日本建築學會, 構造入門教材: ちからとかたち, 技報堂, 2002. pp.35~37의 내용을 참조함.

31) 10원 동전(구 동전)의 무게는 4.06g이며 새로이 발행된 동전은 1.2g임. 여기서는 구 동전을 사용함.

심과 앉은뱅이저울의 중심에 보가 놓여 있는지 확인한다. 이동단(빈 필름통)이 이동하여 불안정하게 된다면 성냥개비 2개를 고무줄 링으로 함께 묶어 놓으면 회전을 막을 수 있다.

③ 질량추를 담는 그릇의 끈을 보에 걸친다.

④ 질량추를 담을 그릇의 끈을 지지만 하는 상태(하중이 없는 상태)에서, 양쪽 앉은뱅이저울의 눈금을 확인하고 이때의 하중을 표 12.1에 기입한다.

⑤ 0점 측정 후 재하를 시작하며, 10원짜리 동전을 중앙 재하점에 위치한 질량추를 담는 그릇에 천천히 조심스럽게 내려놓는다. 처짐이 1cm에 이르렀을 때, 10원짜리 동전의 개수와 각 지점의 앉은뱅이저울의 눈금을 읽어 표 12.1에 기입한다.

⑥ 표에서 반력을 계산한다.

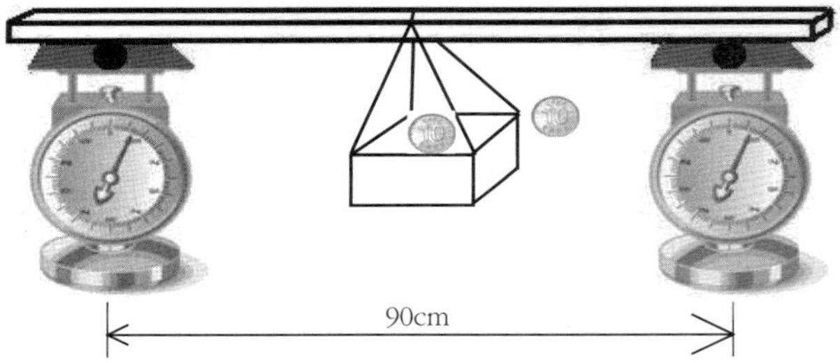

그림 12.1 실험 모형

(5) 반력 구하기

표 12.1과 같이 양단의 반력은 중앙부에 질량추(10원짜리 동전)를 재하하는 과정에서 다음과 같은 방법으로 구할 수 있다.

반력 = 부재의 중앙부가 처짐 1cm에 도달했을 때 양쪽단 저울의 눈금
　　　−중앙부에 질량추를 재하하지 않았을 때 양쪽단 저울의 눈금

본 예에서 질량추를 담는 그릇과 각재의 자중, 그리고 양 지점용 빈 필름통의 무게를 모두 더한 하중이 260gf라고 가정한다면 반력은 표 12.1과 같이 구할 수 있다.

표 12.1 재하실험 측정값

저울 눈금	왼쪽(gf)	오른쪽(gf)	10원 동전	중량(gf)
1cm 처짐 (B)	434.5	434.5	150 개	609
질량추 없을 때 (A)	130	130	0	0
반력 (B−A)	304.5	304.5	−	−

(6) 단면2차모멘트와 탄성계수 계산하기

처짐 1cm가 생겼을 때, 동전 150개(609gf)가 사용되었다고 가정하면

$$I = \frac{1}{12} \cdot bh^3 = \frac{1}{12} \cdot 1 \cdot 1^3 = \frac{1}{12}\,\text{cm}^4$$

$$\delta = \frac{Pl^3}{48EI} \qquad 1 = \frac{0.609 \cdot 90 \cdot 90 \cdot 90}{48E \cdot \frac{1}{12}}$$

$$E = 1.11 \times 10^5\ \text{kgf/cm}^2 = 1.11 \times 10^6\ \text{N/cm}^2$$

여기서, I : 보의 단면2차모멘트(cm^4)

b : 보의 폭(cm)

h : 보의 깊이(cm)

δ : 처짐(cm)

P : 하중(kgf)

l : 경간(cm)

• 추가학습 | 단면치수가 다른 부재를 이용하여 단순보를 재하한다면 탄성계수는 어떻게 될까?

단면치수가 다른 부재들은 단면2차모멘트가 모두 다르게 되며, 재료가 다른 부재들은 탄성계수가 모두 다르게 될 것이다. 이 때 정확한 탄성계수를 구하기 위해서는 실험의 정밀도가 높아야 하므로 주의해서 실험한다.

12.3.2 실험학습-2 : 단순보의 반력과 부재력(6장 내용 참조)

(1) 실험 목적

집중하중을 받은 단순보의 반력과 부재력을 이해한다.

(2) 실험 개요

60cm 막대쇠자를 양단 단순지지로 만들고, 중앙점에 500g의 질량추를 매단다. 쇠자는 어느 정도 처짐이 발생한 후 처진 상태에서 정지한다. 즉 외력에 대하여 반력과 부재력(전단력과 휨모멘트)이 평형을 이루어 정지한 것이다. 이 경우에 대한 반력과 부재력을 구한다.

(3) 실험준비물

- 60cm 막대쇠자
- 양단 단순지지를 위한 클램프 2개
- 500g 질량추 1개
- 버니어캘리퍼스 : 쇠자의 단면 측정

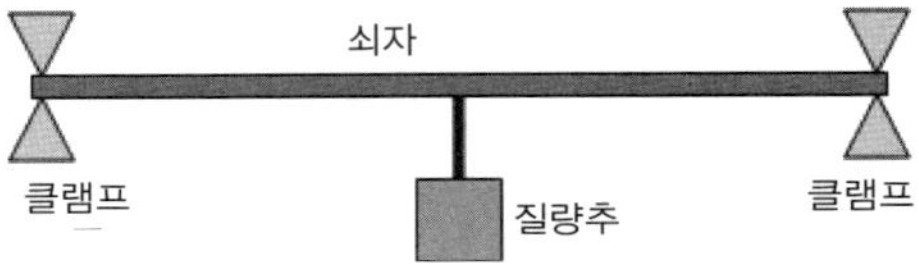

그림 12.2 중앙부 집중하중 단순보

(4) 실험방법(이하의 실험과 계산에서 막대쇠자의 자중은 무시한다)

① 그림 12.2와 같이 60cm 길이의 쇠자를 클램프로 단순지지시키고, 중앙에 500g의 질량추를 매단다.

② 쇠자는 어느 정도 처짐이 일어난 후 정지한다.

③ 쇠자의 처짐이 정지한 이유에 대하여 토론하고, 쇠자의 처짐을 정지시킨 힘에 대하여 분석한다.

(5) 실험시 주의사항

막대쇠자에 질량추를 매달면 쇠자가 아래로 처지면서 클램프의 위치가 안쪽으로 좁혀져서 지지단 거리가 짧아지거나 클램프 바깥쪽에 있던 여분의 길이가 안쪽으로 들어와서 쇠자의 길이가 60cm보다 길어질 수 있다. 클램프 지지단이 이동하지 않도록 클램프를 고정시켜야 하고, 쇠자에는 클램프를 물리고자 하는 위치에 약간의 홈을 파서 처짐 변형시 미끄러지지 않도록 하는 것이 좋다.

13_ 트러스

13.1 개요

트러스(Truss)는 크게 평면트러스와 입체트러스로 구분할 수 있다. 평면트러스는 2차원의 평면상에 트러스를 구성한 것으로서 힘의 작용과 트러스의 면이 같은 평면상에 있는 것이고, 입체트러스(Space Frame)는 트러스의 개재(個材)[32]를 입체적으로 구성하여 하중의 작용과 트러스의 형상이 3차원 구조로 되어 있는 것을 말한다. 트러스구조에 대한 자세한 사항은 구조계획 또는 구조시스템에 관한 다른 교재를 참고하기로 하고, 본 장에서는 평면트러스에 관한 기본 사항을 살펴보기로 한다.

13.2 트러스의 개념

기둥이나 보를 단일 부재로 하지 않고, 구조재료의 효율을 극대화하기 위하여 여러 개의 막대부재를 서로 연결하여 구조부재로 구성한 것을 트러스라 한다. 트러스의 가장 기본적인 형상은 삼각형이다. 경간이 20m인 보를 단일부재의 H형강으로 만든다면 철골공장에서 제작되는 기성제품의 최대치수인 H-900×300을 사용하여도 안전한 구조설계가 어려운 반면에, 이를 트러스구조로 설계한다면 훨씬 더 적은 철골량으로 보다 더 긴 경간의 구조설계가 가능해진다.(그림 13.1) 기본적인 3각형 형상에서 응용하여 보다 경제적이고 구조적으로 효율적인 트러스 시스템을 계획하여 철골물량을 획기적으로 절감하면서 구조적으로 보다 튼튼하고, 시각적으로 아름다운 구조물의 설계가 가능해진다.

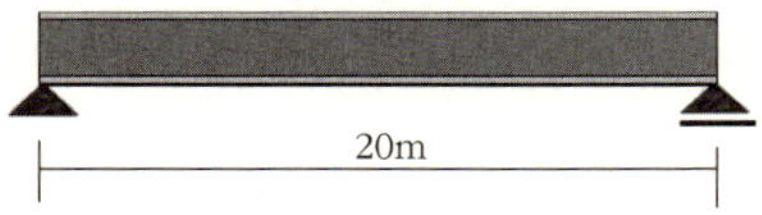

(a) H형강 보

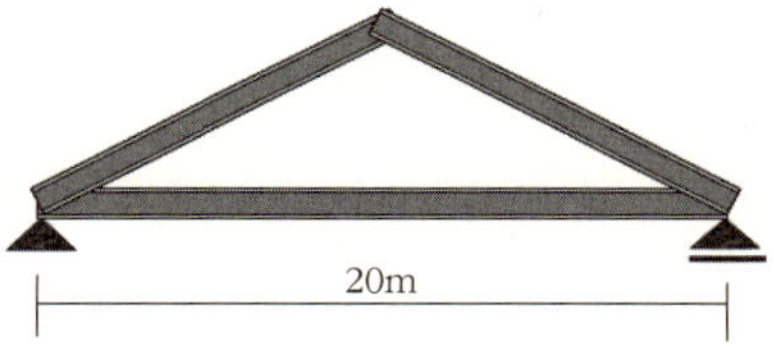

(b) 삼각형 트러스

그림 13.1 트러스의 기본개념

32) 트러스를 구성하는 상현재, 하현재, 수직재, 사재 등의 부재

13.3 트러스의 종류 및 부재 명칭

(1) 평면트러스의 종류

트러스의 종류는 형상에 따라 여러 가지가 있다. 이 가운데 대표적인 몇 가지를 소개하면 다음의 그림 13.2와 같다.

- 킹포스트 트러스(King Post Truss : 왕대공트러스) : 삼각형 트러스의 중앙에 중심기둥이 있는 트러스 형상으로서 지붕구조에 많이 사용된다.
- 와렌 트러스(Warren Truss) : 수직재가 없이 상하현재와 사재로 구성된 트러스
- 하우 트러스(Howe Truss) : 사재에 압축력이 작용하게 구성한 트러스로서 트러스의 중앙부에서 사재의 형상이 역V자형이 된다.
- 프랫 트러스(Pratt Truss) : 사재에 인장력이 작용하도록 구성한 트러스로서 트러스의 중앙부에서 사재의 형상이 V자형이 된다.
- 비렌딜 트러스(Vierendeel Truss) : 사재가 없이 수직재와 상하현재로만 구성된 트러스
- 핑크 트러스(Fink Truss) : 독일의 Albert Fink가 고안한 트러스

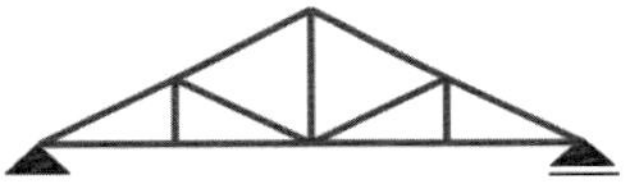
(a) 킹포스트 트러스

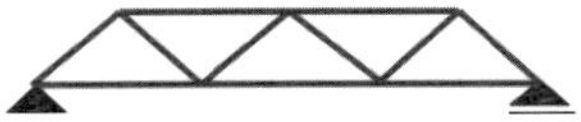
(b) 와렌 트러스

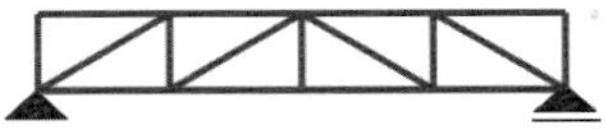
(c) 하우 트러스

(d) 프랫 트러스

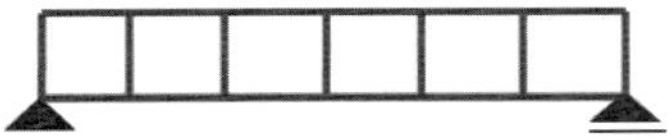
(e) 비렌딜 트러스

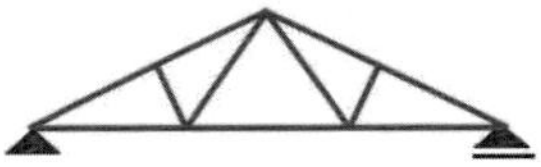
(f) 핑크 트러스

그림 13.2 평면트러스의 종류

(2) 트러스 부재 명칭

트러스를 구성하는 여러 가지 개재에 대한 명칭은 다음과 같다.

- 상현재(Upper Chord, Top Chord) : 트러스의 상부 구성요소
- 하현재(Lower Chord, Bottom Chord) : 트러스의 하부 구성요소
- 수직재(Vertical Chord) : 트러스의 구성요소 중 수직방향으로 놓인 부재
- 사재(Diagonal Chord) : 트러스의 구성요소 중 경사방향으로 놓인 부재

13.4 트러스의 구조해석

(1) 트러스의 구조해석

평면트러스의 부재력을 구하는 구조해석에 간편하게 사용되는 방법으로는 절점법과 절단법이 있다. 여러 가지 구조역학 교재에 잘 설명되어 있으므로 이에 대한 사항은 구조역학 교재를 참조하기 바란다.

(2) 평면트러스의 기본 가정

트러스를 구조해석할 때에는 아래의 기본 가정 하에 해석을 실시한다.

- 트러스 부재와 작용하는 외력은 같은 평면 안에 있다.
- 트러스 개재에는 인장력 또는 압축력의 축방향력만 작용한다.
- 하중은 모두 절점에 작용한다.
- 트러스의 변형은 미소하므로 무시한다.
- 트러스 개재의 도심축은 각 절점에서 만난다.

(a) Lift bridge의 리벳접합부(미국 캘리포니아)
사진 : http://nisee.berkeley.edu/godden/ 인용

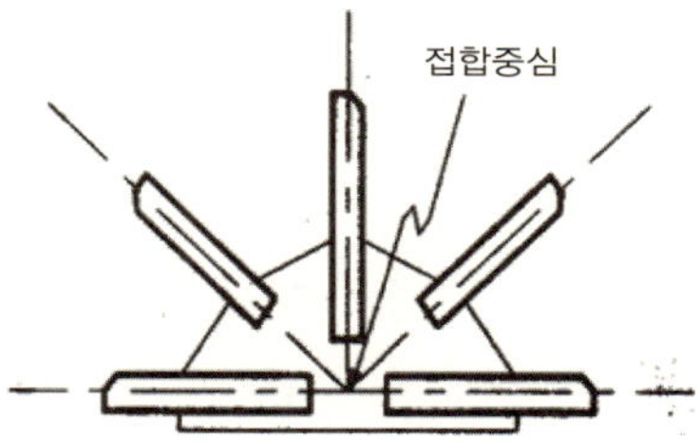

(b) 접합중심

그림 13.3 트러스의 도심축과 접합중심

(3) 무응력 부재

트러스를 구성하는 요소 중에는 외력이 작용하는 상황에서도 힘이 전혀 작용하지 않는 부재가 있다. 이러한 부재를 무응력 부재라 하는데, 트러스의 부재력을 해석함에 있어서 무응력 부재를 먼저 선별할 수 있다면 트러스 시스템의 구조계획이나 구조해석에 도움이 되는 경우가 많다.

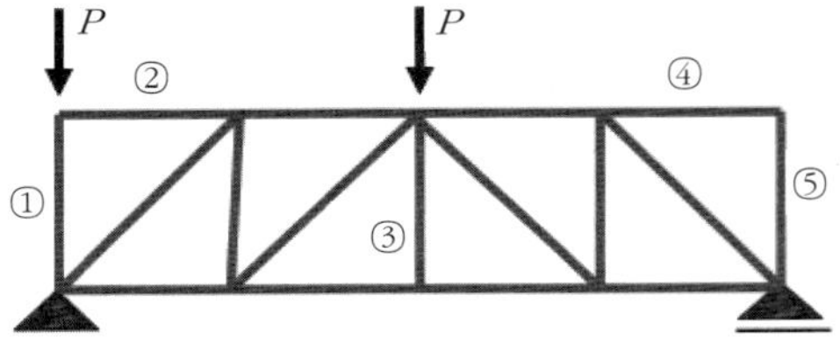

그림 13.4 트러스의 무응력 부재

① 같은 직선상에 있지 않은 두 부재가 한 절점에서 만날 때

- 같은 직선상에 있지 않은 두 부재가 만나는 절점에 하중이 작용하지 않으면 두 부재에는 힘이 작용하지 않는다. 그림 13.4에서 ④, ⑤ 부재는 무응력 부재이다.
- 같은 직선상에 있지 않은 두 부재가 한 절점에서 만나고, 이 중 한 부재와 동일한 축방향으로 절점에 하중이 작용하면 힘의 방향에 있는 부재의 부재력은 절점에 작용하는 하중과 같고, 다른 한 부재에는 힘이 작용하지 않는다. 그림 13.4에서 ② 부재는 무응력 부재이고 ① 부재의 부재력은 P이다.

② 한 절점에 3개의 부재가 만나고, 이 중 2개의 부재가 동일한 직선상에 있을 때

- 한 절점에 3개의 부재가 만나고, 이 중 2개의 부재가 동일한 직선상에 있으며 그 절점에 하중이 작용하지 않으면, 동일 직선상에 있지 않는 다른 한 부재에는 힘이 작용하지 않는다. 그림 13.4에서 ③ 부재는 무응력 부재이다.
- 한 절점에 3개의 부재가 만나고, 이 중 2개의 부재가 동일한 직선상에 있으며 동일 직선상에 있지 않은 다른 한 부재와 같은 방향으로 절점에 하중이 작용하면, 그 부재의 부재력은 절점에 작용하는 하중과 같다.

13.5 트러스의 사례

일본 요코하마의 항구에 위치한 아카렌가 창고(赤煉瓦倉庫)는 준공 시에 1호 창고(1908년~1913년)와 2호 창고(1907년~1911년)의 두 개 동이 있었으나 관동대지진에 의해 1호 창고는 파괴되어 1/2 정도로 축소되었다.(사진 13.1, 13.2, 13.3) 최근에 요코하마시(市)에서 내진보강을 포함한 개·보수공사를 실시하여 현재는 쇼핑몰로서 일반에 개방되고 있다. 이 건물의 특징은 건축 당시 일본의 최고 기술을 사용한 건물로서, 지붕에 사용된 철골트러스는 당시의 강재 제조기술의 발전과 관계가 깊은 건물이다. 일본은 1901년부터 농상무성(農商務省)제철소에서 구조용 강재를 생산하기 시작하였으며, 이

건물도 이 제철소에서 생산된 강재로 지붕의 트러스를 시공하였다. 이 창고의 트러스는 삼각형 와렌트러스의 일종이며 경간은 약 22m로 외벽 상부에서 지지하고 있다.(그림 13.5) 부재의 연결은 거셋 플레이트와 리벳으로 시공되었다. 현재도 당시의 트러스와 접합부 디테일을 볼 수 있기 때문에 일본 근대건축에 있어 중요한 건물이다.[33]

사진 13.1 아카렌가 창고(1호 창고, 북측면)

사진 13.2 아카렌가 창고(1호 창고, 남측면)

사진 13.3 아카렌가 창고(2호 창고, 남측면)

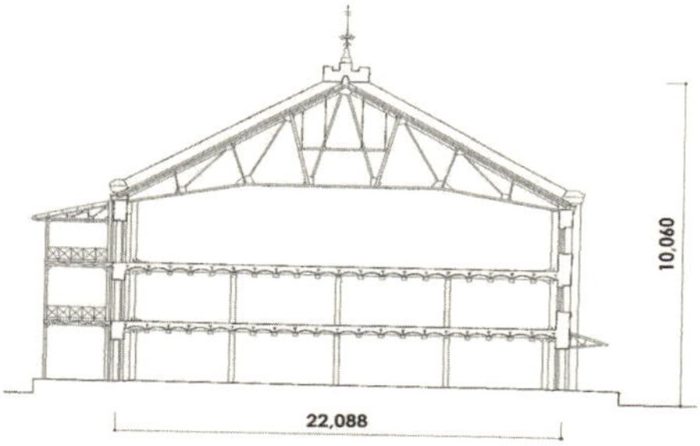

그림 13.5 아카렌가 창고(2호 창고, 단면)

그림 : 建築の構造, 彰國社, 2002, p.109 인용

13.6 실험학습

13.6.1 실험학습-1 : 프랫트러스와 하우트러스의 실험

(1) 실험목적

프랫트러스와 하우트러스의 구조적 특징의 차이점을 이해하고, 트러스 시스템의 구조

---

33) ウィジュアル建築入門編輯委員會, 建築の構造, 彰國社, 2002. p.108.

계획을 어떻게 하는 것이 효율적인지에 대하여 학습한다.

(2) 실험개요

굵은 스파게티를 이용하여 동일한 규격의 프랫트러스와 하우트러스를 만들고, 각각에 대하여 하중실험을 하여 최대가력하중의 차이를 살펴보고, 최대가력하중에 차이가 나는 이유를 토론한다.

(3) 실험 준비물

- 칼, 막대자
- 굵은 스파게티
- 경화속도가 빠른 접착제(아크릴접착제)
- 질량추

(4) 실험방법

① 프랫트러스와 하우트러스를 제작한다.(그림 13.6)
② 프랫트러스와 하우트러스의 중앙 절점에 질량추를 매단다.
③ 트러스가 파괴될 때까지 가력하여 최대 하중을 구한다.
④ 트러스가 파괴되는 순간의 파괴양상을 관찰한다.

- 하우트러스는 사재의 압축좌굴로 파괴되고, 프랫트러스는 수직재의 압축좌굴로 파괴된다.
- 사재와 수직재에 압축좌굴이 일어나지 않고, 트러스 전체의 횡좌굴에 의해 파괴된 경우에는 트러스의 절점간 거리를 더 크게 만들거나 스파게티를 더 가는 것으로 트러스를 만들어서 압축좌굴이 일어나도록 하여 다시 실험한다.

⑤ 두 가지 트러스 시스템에 있어서 최대하중의 차이점을 분석하고 토론한다.
⑥ 트러스의 구조설계에 있어서 효율적인 구조계획에 대하여 토론한다.

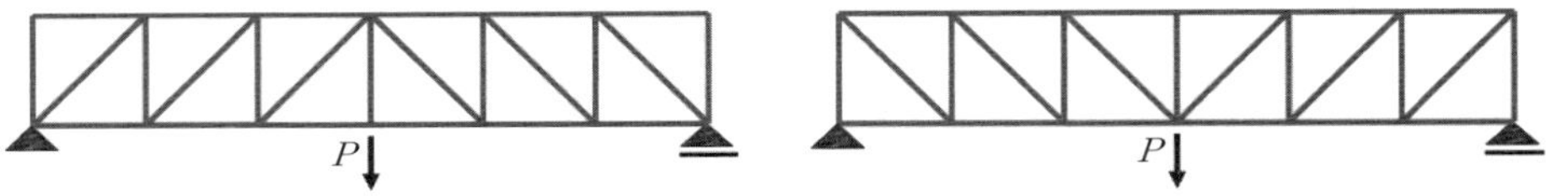

(a) 프랫트러스 (b) 하우트러스

그림 13.6 프랫트러스와 하우트러스의 구조내력 시험

(5) 실험 주의사항

• 실험의 본래 의도는 하우트러스에서 사재의 압축좌굴이 일어나 프랫트러스보다 적은 하중에서 먼저 파괴되는 것을 관찰하는 것이다. 그러나 스파게티 1개의 압축강성에 비하여 트러스 부재 전체의 횡좌굴 강성이 더 작으면 사재의 압축좌굴이 일어나기 이전에 트러스 전체의 횡방향 면외좌굴이 먼저 발생할 수 있다.

• 트러스를 평면트러스로 만들면 면외좌굴이 쉽게 발생하므로 박스형 트러스로 만들어 실험하는 것도 좋은 방법이다. 동일한 트러스를 두 개 만들어 앞뒤 면으로 하고 박스형의 윗면과 아랫면에는 비렌딜트러스로 구성한다.

13.6.2 실험학습-2 : 무응력 부재 실험-1

(1) 실험목적

여러 가지 트러스 형상에서 무응력 부재를 찾아본다.

(2) 실험개요

평면트러스에 질량추를 매달아 하중을 작용시킨 상태에서 무응력 부재로 판단되는 부재를 제거하여 평면트러스의 형상에 변화가 없는지 확인한다.

(3) 실험 준비물

• 칼, 막대자

• 굵은 스파게티

• 경화 속도가 빠른 접착제(아크릴접착제)

• 질량추

(4) 실험 설치 및 진행 방법

① 여러 가지 형상의 평면트러스를 구성한다. 예를 들어 아래 그림 13.7과 같이 하우트러스와 킹포스트트러스를 만든다.

② A점과 B점에 질량추를 매단다.

③ 무응력 부재로 판단되는 부재를 하나씩 제거한다.

④ 무응력 부재를 제거해 가면서 트러스의 형상이 변화하거나 붕괴되는지 확인한다.

⑤ 무응력 부재는 완전히 불필요 한 것인지 또는 무응력 부재를 제거하면 어떠한 영향이 있는지에 대하여 토론한다.

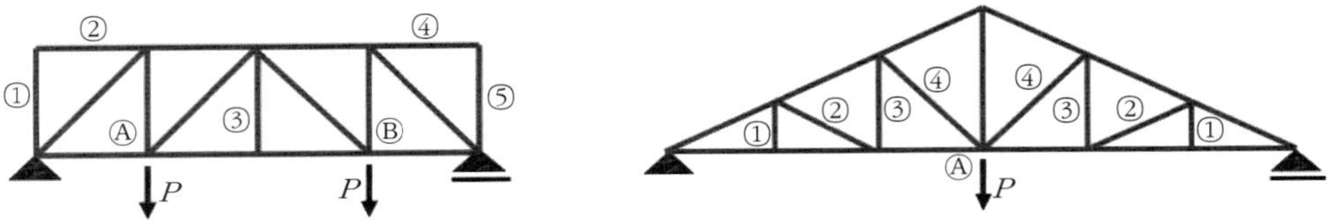

(a) 하우트러스

(b) 킹포스트트러스

그림 13.7 무응력 부재 제거 실험

(5) 실험시 주의사항

- 평면트러스이므로 실제 실험에 있어서는 측면방향으로 횡좌굴이 일어날 수 있다.
- 무응력 부재를 제거하는 과정에서 트러스에 변형이 생길 수 있으므로 무응력 부재의 제거에 주의하여야 한다.

13.6.3 실험학습-3 : 무응력 부재 실험-2

(1) 실험목적

무응력 부재가 있는 경우와 없는 경우의 트러스 성능을 비교한다.

(2) 실험개요

무응력 부재가 포함되어 있는 평면트러스와 무응력 부재를 제거한 평면트러스에 대하여 질량추를 매달아 트러스가 지지할 수 있는 최대하중을 실험하고, 무응력 부재가 있는 경우와 없는 경우에 차이점을 확인한다.

(3) 실험 준비물

- 칼, 막대자
- 굵은 스파게티
- 경화속도가 빠른 접착제(아크릴접착제)
- 질량추

(4) 실험 설치 및 진행 방법

① 여러 가지 형상의 평면트러스를 구성한다. 예를 들어 그림 13.8(a), (c)와 같이 하우트러스와 킹포스트트러스를 만든다.

② 하우트러스와 킹포스트트러스에서 무응력 부재를 제거한 평면트러스를 하나 더 만든다.(그림 13.8 (b), (d))

③ 하우트러스에는 A, B점에, 킹포스트트러스에는 A점에 질량추를 매단다.

④ 무응력 부재가 있는 경우와 없는 경우에 대한 최대하중을 실험한다.

⑤ 무응력 부재가 있는 경우와 없는 경우에 대한 실험결과를 토론한다.

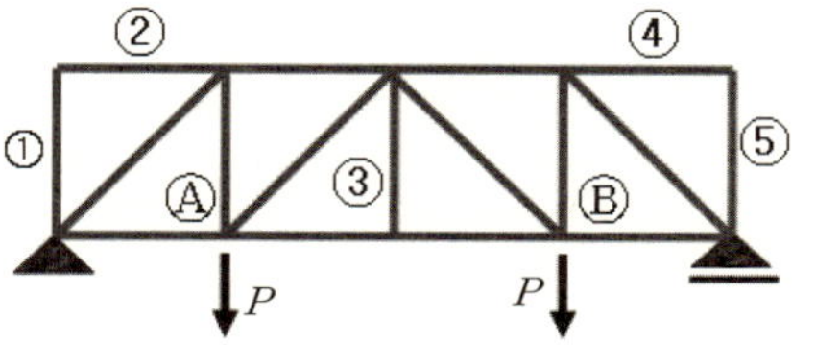

(a) 하우트러스

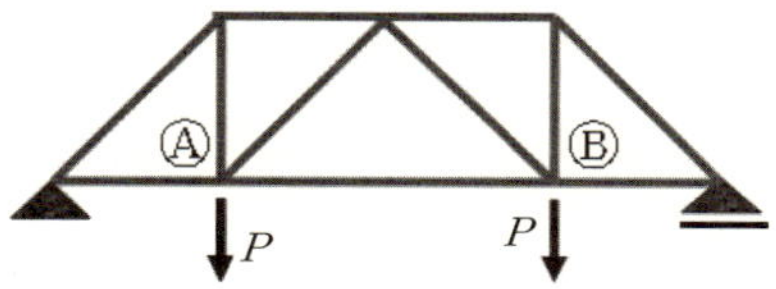

(b) 무응력 부재를 제거한 하우트러스

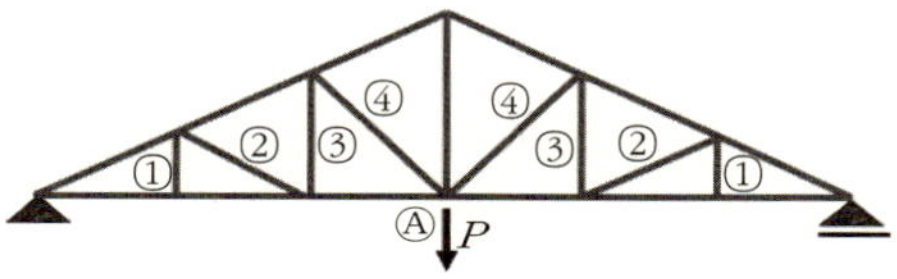

(c) 킹포스트트러스

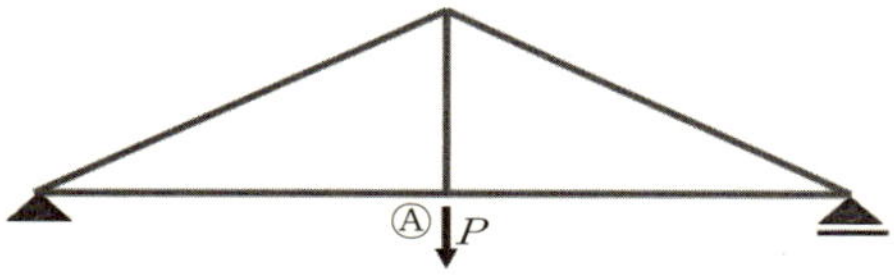

(d) 무응력 부재를 제거한 킹포스트트러스

그림 13.8 무응력 부재가 있는 트러스의 내력 실험

(5) 실험시 주의사항

- 실험을 위한 트러스는 굵은 스파게티를 서로 접합하여 만든다. 하중이 작용하였을 때, 스파게티 접합점에서 파괴가 일어나지 않도록 적절한 접착제로 튼튼하게 접합하여야 한다. 최대하중에서의 트러스 파괴는 스파게티 또는 트러스면 전체가 좌굴하는 형상이 되어야 한다.

14_ 라멘구조

14.1 개요

라멘이란 기둥과 보가 강접으로 구성된 문형구조(Portal Frame)를 말한다. 여기서, "Rahmen"이란 독일어로서 영어의 "Frame"에 해당한다. 철근콘크리트 또는 강구조로 되어 있는 대부분의 사무소 건물은 라멘구조형식을 취하고 있다. 건물에 기둥과 보를 갖고 있는 구조시스템이다.

라멘구조의 가장 큰 장점은 공간의 가변성이다. 건물을 라멘구조로 하게 되면 건물의 벽체를 임의로 변경할 수 있다. 건물에 작용하는 대부분 하중은 보와 기둥이 지지하고 있고, 공간을 구획하는 벽체는 하중의 지지와는 상관이 없는 칸막이벽이므로 건물을 사용하다가 공간의 용도를 변경하고 싶거나 다른 목적이 생기면 언제든지 칸막이벽을 철거하고 공간구성을 새롭게 할 수 있다.

그림 14.1은 철골 라멘구조에 대한 부재구성 및 부재명을 나타내고 있다. 바닥슬래브의 시공은 주로 보 위에 데크 플레이트와 스터드 볼트를 설치하고, 콘크리트를 타설하는 방법으로 이루어지고 있다. 기둥과 기둥, 보와 기둥 등의 부재 접합은 용접 또는 고력볼트에 의해 주로 이루어진다.

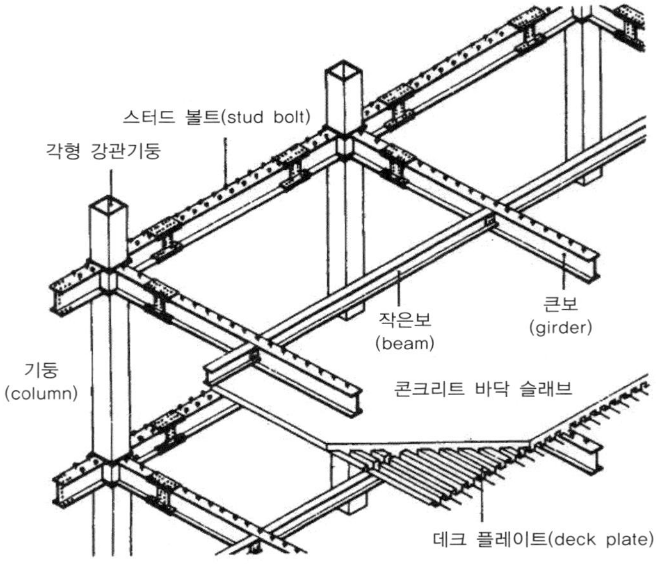

그림 14.1 라멘구조

(a) First city National Bank(미국 텍사스)
사진 : http://nisee.berkeley.edu/godden/ 인용

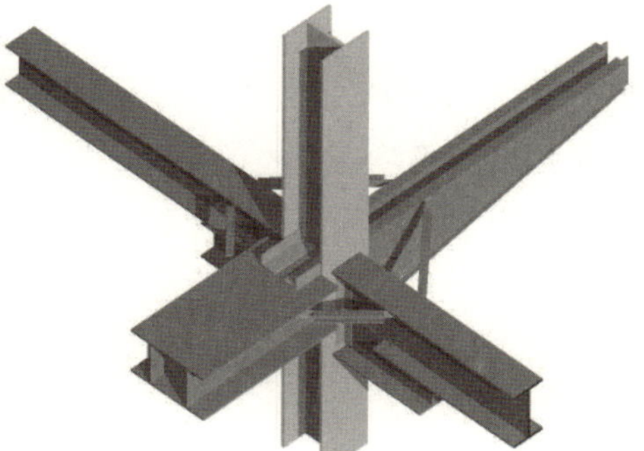

(b) 철골조 라멘구조의 접합부

그림 14.2 라멘구조의 사례

그림 14.2(a)는 철골철근콘크리트 라멘구조의 예이며, 그림 4.2(b)는 철골 라멘구조 접합부의 예를 보여주고 있다.

그러나 라멘구조는 건물의 층고를 높게 해야 한다는 단점이 있다. 바닥판의 하부에는 슬래브를 지지하는 보가 있는데 일반적으로 보의 두께는 50~70cm 정도가 된다. 슬래브 두께를 제외하고 건물 한 층당 40cm 이상 높아진다는 것이다. 여기에 더하여 보의 하부에는 건물의 냉난방 덕트 또는 각종 배관과 전선이 설치되는 공간이 필요하므로 실질적으로는 슬래브 하부에서 약 1m 이상의 공간이 필요해진다.

라멘구조와 다른 구조형식으로는 국내의 아파트에 주로 적용되고 있는 벽식구조와 저층 단독주택에 사용되는 조적식구조, 그 이외에 특수구조형식인 막구조나 케이블구조, 트러스구조 등이 있다.

벽식구조에서는 기둥과 보를 찾아보기 어렵다. 내력벽 자체가 기둥 역할을 하고, 폭이 최대 5m 내외인 바닥판이 내력벽 위에 접합되어 있어서 보가 필요 없다. 즉 벽체가 기둥 역할과 보 역할을 겸하고 있는 것이다. 국내의 아파트에 벽식구조가 채택된 이유가 바로 여기에 있다. 보가 필요 없으므로 건물의 한 층당 높이를 최소화할 수 있어서 건축법에서 허용하는 건물의 최대높이 내에서 최대한의 세대수를 만들어 낼 수 있기 때문이다. 또한, 실내에는 폭이 두꺼운 기둥도 없으므로 보기에 좋지 않은 돌출기둥이 없고 시원한 실내공간을 연출할 수 있게 된다.

한편 기둥이 없는 것은 아파트의 큰 단점도 된다. 방과 방을 구획하고 있는 대부분의 벽체들은 건물의 하중을 지지하고 있는 내력벽이므로 이 벽체를 제거해서는 안 되기 때문이다. 즉 공간의 가변성이 매우 낮은 단점이 있다.

이에 대한 개선의 대안으로 최근에는 플랫슬래브구조가 아파트 구조형식으로 도입되고 있다. 부분적으로 내력벽을 사용하기도 하고, 부분적으로 다소 두껍고 납작한 기둥을 사용하고 그 위에 플랫슬래브를 시공하여 건물의 층고를 줄이면서 가변성을 확대하고자 하는 시도이다.

14.2 모멘트와 변형

모멘트는 부재를 휘게 하려는 힘이다. 일반적으로 부재를 아래로 휘게 하거나 안쪽으로 휘게 하는 모멘트를 정모멘트 또는 (+)모멘트로 약속하고, 부재를 위로 휘게 하거나 바깥쪽으로 휘게 하는 모멘트를 부모멘트 또는 (−)모멘트로 약속한다.

모멘트가 작용하는 구조부재는 반드시 변형하게 되어 있는데, 이러한 변형은 구조물의 지지단 조건, 절점조건, 하중의 작용조건 등에 따라 다르게 나타난다. 모멘트로 인하여 부재와 구조물이 변형하는 양상에 대하여 가장 기본적인 관계를 간단히 정리하면 다음과 같다.

- (+) 모멘트 : 부재를 아래로 휘게 하거나 안쪽으로 휘게 한다.
- (−) 모멘트 : 부재를 위로 휘게 하거나 바깥쪽으로 휘게 한다.
- 하나의 부재에 (+), (−)모멘트가 있으면 모멘트가 0인 곳에서 변곡점 형상이 생긴다.
- 부재 전체에서 모멘트가 0이면 부재는 직선을 유지한다.
- 부재가 강절점으로 접합되어 있는 곳에서는 부재의 접합각도에 변화가 없다.
- 고정단에서도 지지단과 부재의 접합각도에는 변화가 없다.
- 회전단에서는 부재가 회전한다.

라멘구조의 여러 가지 지지단 조건과 하중조건에 따른 모멘트도의 개략적인 형상과 변형 양상을 그려보면 다음과 같다.

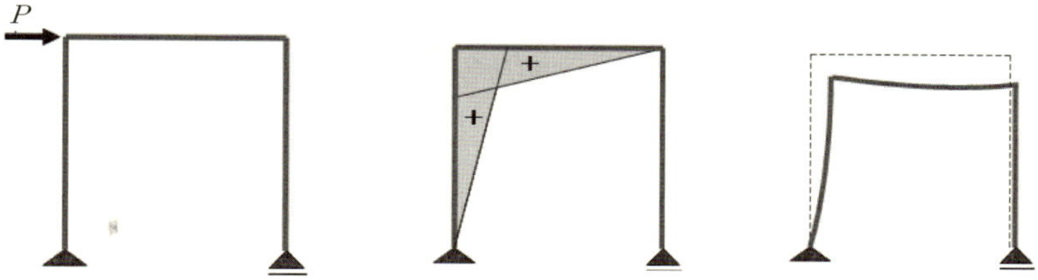

(a) 하중의 작용　　(b) 모멘트도　　(c) 변형형상

그림 14.3　단순보형 정정라멘

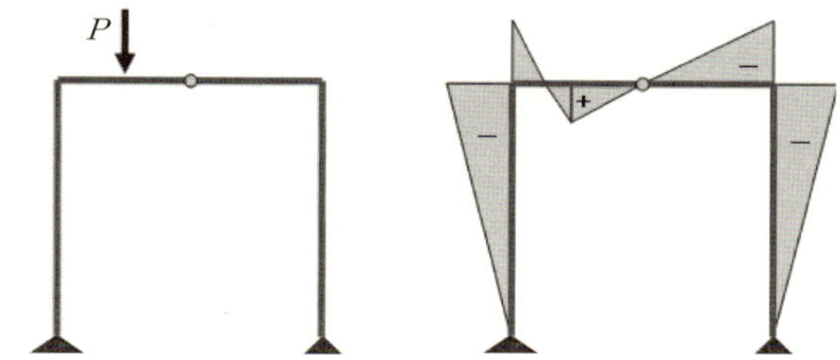

(a) 하중의 작용　　(b) 모멘트도　　(c) 변형형상

그림 14.4　3힌지 정정라멘

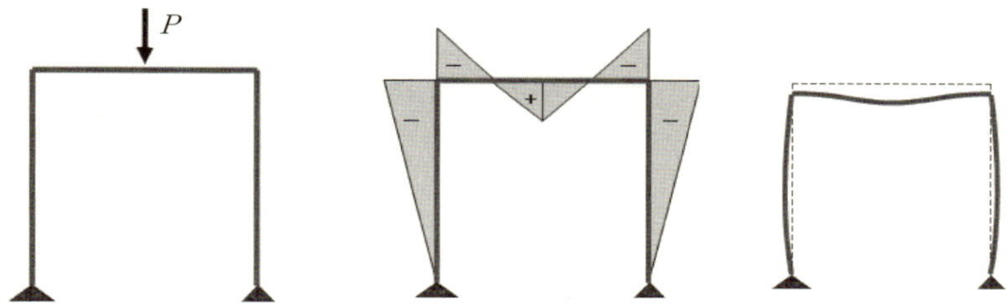

(a) 하중의 작용　　(b) 모멘트도　　(c) 변형형상

그림 14.5　1차 부정정 라멘

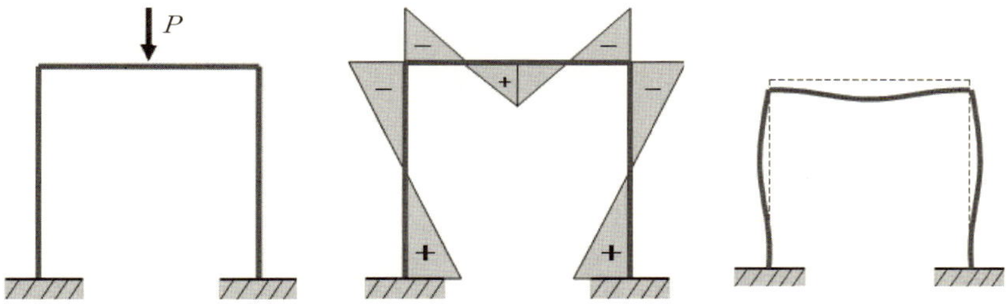

(a) 하중의 작용　　(b) 모멘트도　　(c) 변형형상

그림 14.6　3차 부정정 라멘(수직하중)

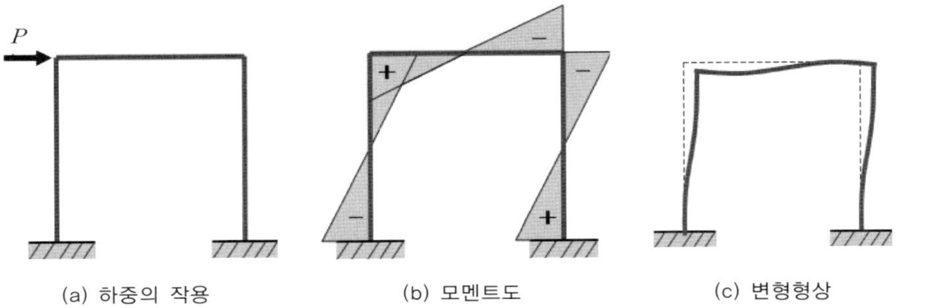

그림 14.7 3차 부정정 라멘(수평하중)

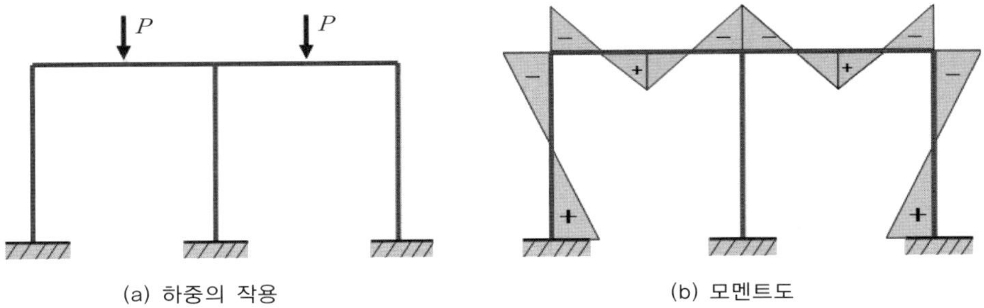

그림 14.8 2경간 부정정 라멘

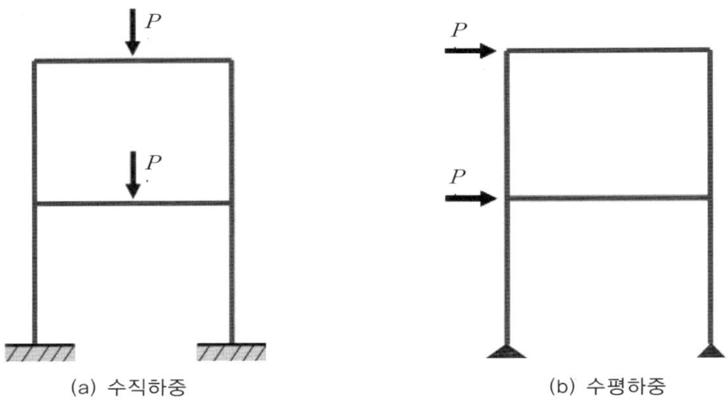

그림 14.9 2층 부정정 라멘

14.3 실험학습

14.3.1 실험학습-1 : 라멘의 변형

(1) 실험목적

구조물의 지지단과 하중조건에 따른 모멘트와 변형 형상을 이해함.

(2) 실험개요

우드락 또는 임의의 적당한 재료를 사용하여 여러 가지 지지단 조건의 라멘구조를 만들고, 여기에 횡하중 또는 수직하중을 작용시켜서 변형 형상을 관찰한다. 라멘구조의 조건에 대한 모멘트도의 기본 개형을 그려보고 모멘트도와 변형 형상을 비교하여 본다. 다양한 조건에 대한 실험을 해보면 임의의 조건에 대한 모멘트도 개형이나 변형 형상을 쉽게 추정할 수 있게 된다.

(3) 실험준비물

- 우드락 : 기둥과 보 부재 제작
- 아크릴 접착제 : 부재간 접합
- 침핀 : 부재간 접합 또는 회전단 구성

(4) 실험 설치 및 진행 방법

① 우드락이나 다른 적당한 재료로 여러 가지 형상의 라멘구조를 만든다.(그림 14.10)

② 라멘구조의 지지단을 구성한다.(회전단, 이동단, 고정단)

③ 원하는 위치에서 하중을 가하고 변형 형상을 관찰한다.

④ 라멘의 변형 형상을 그림으로 그린다.

⑤ 실험한 라멘구조의 지지단, 하중조건을 그림으로 그리고, 이에 대한 모멘트도를 그린다.

⑥ 변형형상과 모멘트도를 비교하여 분석한다.

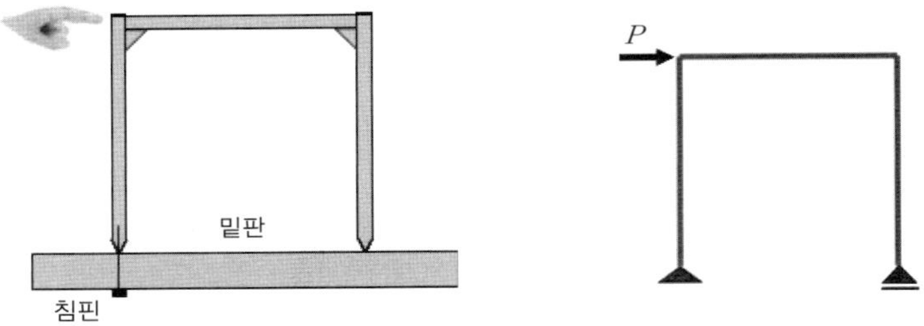

(a) 단순보형 정정라멘

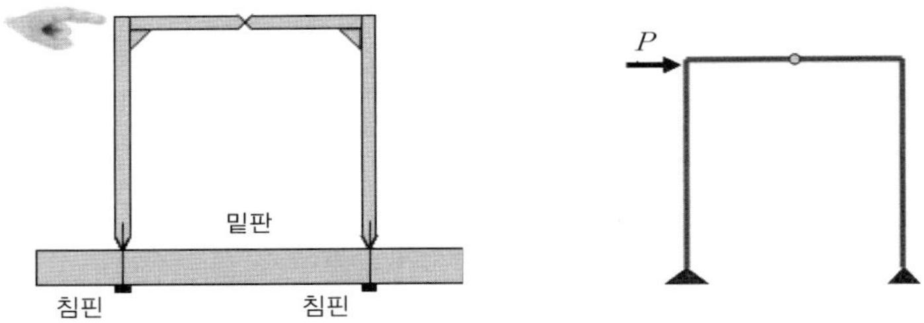

(b) 3힌지 정정라멘

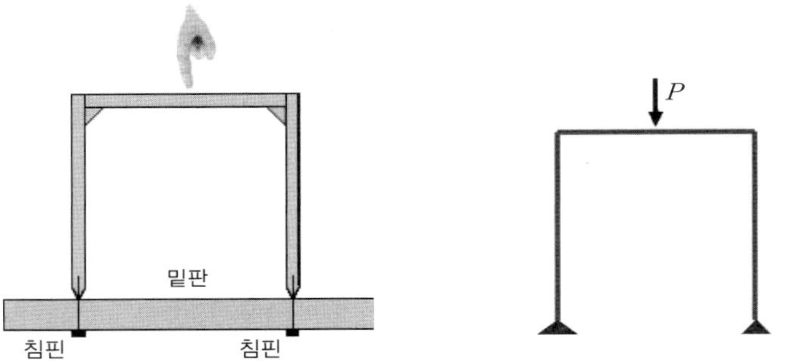

(c) 1차 부정정 라멘

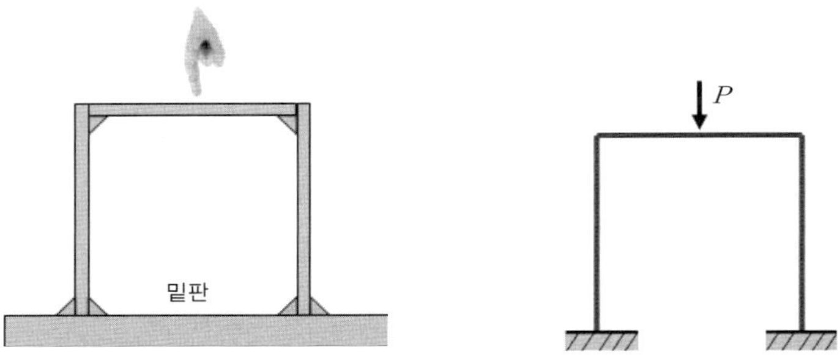

(d) 3차 부정정 라멘

그림 14.10 라멘의 변형 실험

(5) 실험 주의사항

- 기둥부재와 보부재의 강접합이 견고해야 한다.
- 부재에서의 힌지절점 구성에 주의한다. 홈을 파서 만드는 경우에 너무 깊이 파면 힘을 받을 때 끊어질 수 있고, 너무 조금 파면 힌지점 효과가 약해진다.

• 추가학습	연속보, 겔버보, 아치구조 등에 대해서도 유사한 실험을 해본다.

15_ 조적아치

15.1 개요

아치는 기원 전 이집트와 이라크에서 유래했으며, 로마시대에는 대규모의 고가수로 건설 등 오래된 역사를 가지고 있다.(사진 15.1)

석재(石材)를 쌓아 올려 구성하는 조적조벽에 개구부를 내기 위해 개구부 상부에 수평보(인방, 引枋 : Lintel)[34]를 걸쳐놓는 방법은 오래 전부터 사용되어왔다. 그러나 석재는 압축력에 강하지만 인장력에 대한 저항이 약한 부재이다. 인방으로 석재를 사용한다면 짧은 경간은 가능하나, 긴 경간은 부재 중앙부 휨모멘트에 의해 인장응력이 커지게 되어 단면에 균열이 발생하게 된다.(사진 15.2 참조)

사진 15.1 로마의 수로교(프랑스)
사진 : http://nisee.berkeley.edu/godden/ 인용

사진 15.2 제우스 신전(그리스)
사진 : http://nisee.berkeley.edu/godden/ 인용

이 문제를 해결하기 위해 처음에는 석재를 내쌓는 방법이 고안되었고, 다음에는 2개의 경사진 석재로 된 보를 이용하는 방법이 고안되었다. 이와 같은 방법은 이집트 피라미드의 내부 방에 사용되었다. 이어 세 개의 석재를 사용하는 방법을 거쳐 그림 15.1처럼 여러 개의 석재를 사용한 조적아치가 나타나게 되었다. 석재가 압축력에 강한 성질만을 이용한 조적아치의 발명은 인장력에 대한 약점을 극복한 점에 큰 의미를 두고 있다. 그림 15.2는 조적아치 각 부분의 명칭을 나타낸다.

아치의 역학적 기구(Mechanism)는 케이블구조를 생각하면 쉽게 이해할 수 있다. 케

34) 인방(引枋) : 출입구나 창 등의 개구부(開口部) 위에 가로 놓여 벽을 지지하는 나무 또는 돌로 된 수평재(水平材).

이블은 휨에 저항하지 못하기 때문에 하중은 인장력으로만 지지된다. 이 상태를 완전히 상하로 역전시킨다면 하중은 압축력으로만 지지될 수 있게 된다.

그림 15.1 조적아치

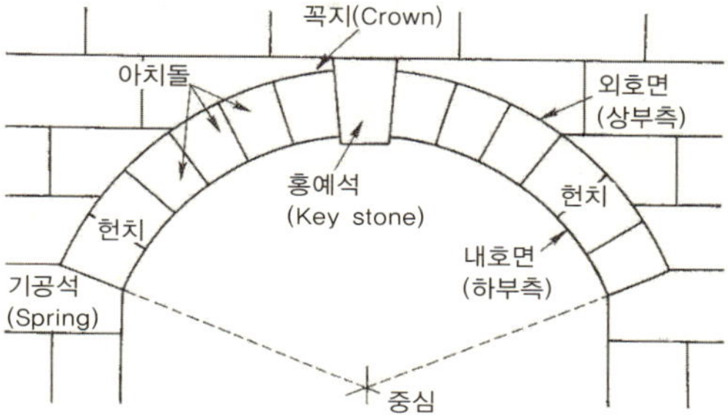

그림 15.2 아치 부분의 명칭

15.2 조적아치의 사례

스페인 출신의 안토니오 가우디(Antonio Gaudi, 1852~1926)[35]가 작품의 구조설계에 아치를 응용한 것은 잘 알려져 있으며, 핀란드 출신의 에로 사리넨(Eero Saarinen, 1910~1961)[36]도 그의 작품에서 아치형 구조를 도입했었다. 국내에는 주로 사찰에 조적아치형 구조가 다리형태로 남아 있으며 대표적으로는 승주 선암사의 승선교(昇仙橋)(사진 15.3), 여수 홍국사의 홍교(虹橋), 순천 송광사의 삼청교(三淸橋) 등을 들 수 있다. 또한 읍성 주위의 다리에서도 조적아치 형태를 볼 수 있다. 사진 15.4와 사진 15.5는 전남 진도의 남도석성(南桃石城) 주위에 있는 단운교와 쌍운교를 나타내고 있다.

사진 15.3 승주 선암사 승선교

35) 주요 작품으로 사그라다 파밀리아 교회, 밀라 공동주택 등이 있음.
36) 주요 작품으로 제퍼슨 기념탑(게이트웨이 아치), 댈라스 국제공항, 뉴욕공항의 TWA 터미널 등이 있음.

사진 15.4 진도 남동리 단운교

사진 15.5 진도 남동리 쌍운교

15.3 실험학습

15.3.1 실험학습-1 : 스티로폼 조적아치[37)]

(1) 실험 목적

스티로폼으로 아치를 만들어 아치의 원리를 이해한다.

(2) 실험 개요

스티로폼으로 아치를 만들고 분필통 등을 하중으로 재하하여 조적아치의 하중 위치에 따른 구조물의 변형 및 거동을 확인한다.

(3) 실험 준비물

- 스티로폼 : 약 5×15×30cm
- 분필통(연필 지우개, 동전 등) : 아치 상부에 하중재하하는 용도
- 스카치테이프 : 1개
- 스티로폼용 열선 커터기
- 스프레이 풀

(4) 실험 설치와 진행방법

① 아치형 종이를 만든다.

그림 15.3에 나타낸 것과 같은 간격의 그리드를 표기한 A4 정도 크기의 용지에 포물선을 그리고 포물선을 포함하는 아치 그림을 그린다. 각 블록에는 번호를 기입한다.

---

37) 日本建築學會, 構造入門教材 : ちからとかたち, 技報堂, 2002. pp.54~56의 내용을 참조함.

아치의 축선(軸線)이 되도록 블록의 접촉면 중심을 직교시켜 이어지도록 한다.

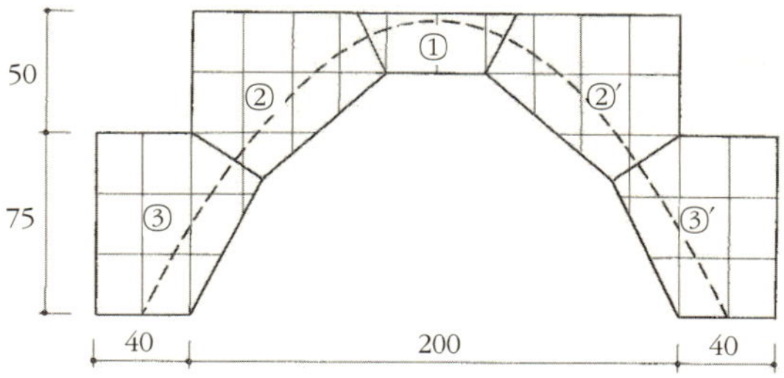

그림 15.3 아치의 형태 종이(단위 : mm)

② 아치의 블록을 만든다.

블록 형태의 종이를 각각 두께 5cm 정도의 스티로폼에 스프레이 풀을 이용하여 붙인다. 스티로폼용 커터기를 이용하여 종이의 형태를 따라 절단한다. 블록 덩어리와 지지면과의 마찰저항을 작게 하기 위해 각 블록의 접촉 단면에 스카치테이프를 붙인다.

(5) 실험 사례

① 실험 1

책상 위에서 아치를 조립한다. 아치의 각부(脚部)[38] 블록 ③과 ③′이 책상 위에서 잘 미끄러지지 않는 경우에는 책상표면에 복사용지 등을 펼쳐놓고 아치의 각부(脚部)가 놓이는 부분의 지면에 스카치테이프를 붙인 후 이 위에 각부(脚部)를 놓고 조립한다.

모형 아치 각 블록의 절점을 손가락으로 누르면서 아치를 조립한다. 이때 아치의 다리가 벌어지지 않도록 책과 같은 받침대를 이용하여 측면을 지지하는 것이 좋다.

절점을 손으로 누른 상태에서 정상부 3개 블록의 윗면에 분필통을 이용하여 등분포하중으로 재하한다. 이와 같은 상태가 되면 손가락을 블록으로부터 떼어도 아치가 안정된 것을 확인할 수 있다. 아치는 어느 정도의 중량이 있을 때 안정성이 좋다는 것을 확인할 수 있는 실험이다.

38) 아치의 다리 부분을 의미함.

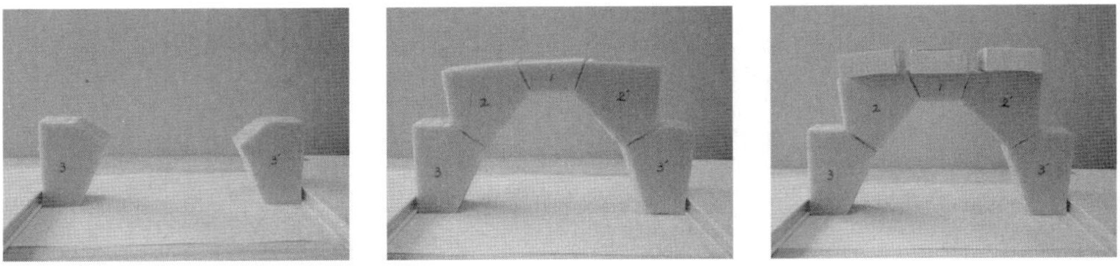

(a) 각부 세우기 (b) 아치 완성 (c) 등분포하중 재하

사진 15.6 아치 블록의 조립 및 등분포하중 재하(실험1)

② 실험 2

실험 1의 등분포하중을 재하(載荷)[39]한 상태로 중앙의 블록 ①의 분필통을 제거한다. 이 때, 각부(脚部)의 밑이 좌우로 어긋나지 않도록 주의한다. 중앙의 블록 ①이 좌우의 정상부 블록 ②, ②′에 눌려서 위로 올라오게 되며, 이어서 좌우의 정상부 블록이 내측으로 무너져 아치가 붕괴된다.

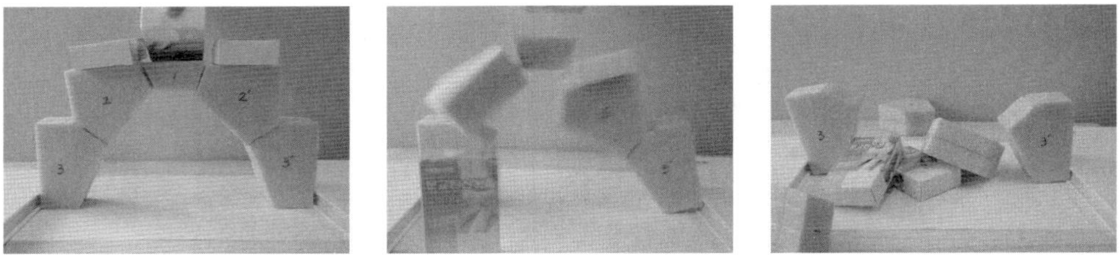

(a) 하중제거 시작 (b) 아치 붕괴 시작 (c) 아치 붕괴 후

사진 15.7 중앙 블록 ①위의 하중 제거시 아치의 거동(실험2)

③ 실험 3

실험 1의 등분포하중 재하상태로부터 좌우의 정상부 블록 ②, ②′의 분필통을 제거한다. 이 때 각부(脚部)의 밑이 좌우로 어긋나지 않도록 주의한다. 결국, 중앙 블록 ①이 좌우의 정상부 블록 ②, ②′을 외측으로 눌러 무너지게 되어 아치가 붕괴된다. 이 과정을 잘 관찰한다. 실험 2와 실험 3으로부터 포물선 아치는 재하되는 하중상태가 등분포하중에서 벗어나게 되면 휨응력이 크게 되어 아치가 불안정하게 된다는 것을 확인할 수 있다.

---

39) 재하(載荷) : 부재에 하중이 놓여 있는 상태. 제하(除荷) : 부재에 놓여 있던 하중을 제거한 상태.

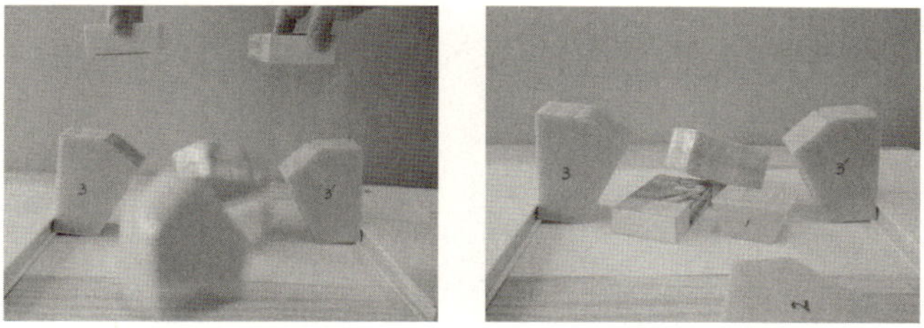

(a) 하중제거 시작 (b) 아치 붕괴 후

사진 15.8 정상부 블록 ②와 ②′ 위의 하중 제거시 아치의 거동(실험 3)

④ 실험 4

실험 1의 등분포하중상태에서 좌·우측 각부(脚部)의 받침대를 천천히 조심스럽게 바깥쪽으로 이동시킨다. 각부(脚部)가 벌어지는 상태를 관찰해보면 천천히 벌어지는 것이 멈춰진 후, 처음의 안정상태로 복원되는 것을 알 수 있다.

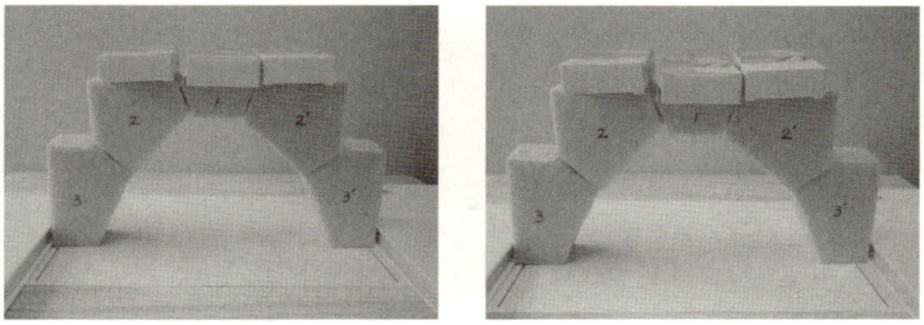

(a) 5mm 이동시 (b) 10mm 이동시

사진 15.9 좌·우측의 각부 받침대 이동시 아치의 거동(실험 4-1)

다음 실험은, 실험 1의 등분포하중 상태로부터 정상부에 있는 3개 블록의 분필통을 1/2 이상 제거하고, 제거한 양을 좌·우측 각부(脚部) 블록의 ③, ③′의 정상부에 놓는다. 이어서 각부(脚部)의 변형을 막아주는 책과 같은 받침대를 제거하는 실험을 실시한다. 아치는 다리를 벌리려고 하는 성질이 있으나 각부(脚部)의 상부에 하중을 재하하면 충분한 수평반력이 발생하게 되어 안정을 유지하게 되는 것을 알 수 있다.

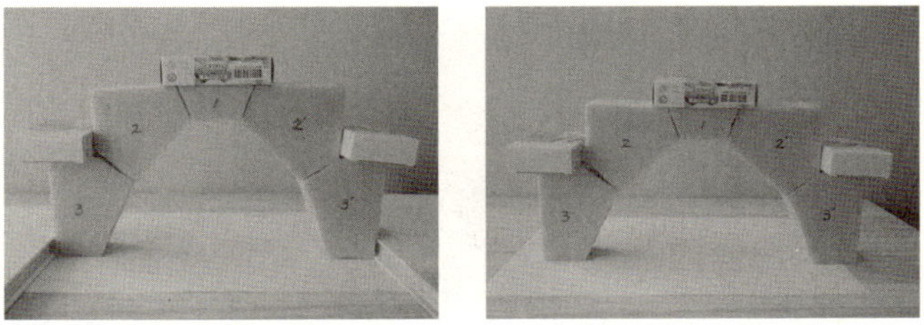

(a) 각부 상부 하중재하 (b) 각부 받침대 제거 후

사진 15.10 좌·우측의 각부 받침대 제거시 아치의 거동(실험 4-2)

16_ 케이블구조

16.1 개요

가정집에서 빨래를 말릴 때, 흔히 빨랫줄을 이용한다. 마당의 큰 나뭇가지에 나일론으로 엮은 빨랫줄의 양쪽을 묶는다. 이 때, 줄의 길이는 빨래를 널었을 때 빨래가 땅에 닿지 않을 정도로 하거나, 사람의 통행을 방해하지 않을 정도로 높이를 조절한다. 그 이유는 빨랫줄은 빨래가 없을 때도 줄 자신의 무게에 의해 아래로 처지지만, 빨래를 널었을 경우에는 나뭇가지의 변형이 없더라도 아래로 더 처지게 된다. 이는 빨랫줄에 빨래의 무게가 더해지기 때문이다. 그래서 빨랫줄의 중간에 받침기둥을 세워두기도 한다. 이와 같은 빨랫줄은 가늘고 휘어지기 쉬운 재료이지만 빨랫줄의 무게를 지탱할 수 있을 만큼 당기는 힘에는 강한 재료이다. 이와 같은 원리를 이용하여 구조물에 적용되는 구조를 케이블구조라 한다.(그림 16.1) 본 장에서는 이와 같은 케이블구조의 기본적인 성질을 간단한 실험으로 확인해 본다.

실험학습의 예에 들어가기에 앞서 빨래와 같은 질량추를 케이블에 전혀 매달지 않았을 때, 즉 빨랫줄만 있을 때 줄의 형상은 곡선을 유지하고 있음을 알아야 한다. 이러한 곡선을 현수선(懸垂線, Catenary)이라고 한다. 앞의 조적아치에서도 언급했지만 조적아치의 포물선형상을 뒤집어 놓은 것이라고 생각하면 될 것이다.

그림 16.1 빨랫줄에 매달린 빨래

그림 16.2 질량추(책) 1개의 아래로 매달기

그림 16.2는 빨랫줄 중앙에 1개의 질량추(책)를 매달았을 때에 대한 형상을 보여준다. 이 경우는 빨랫줄 좌우의 줄이 직선 형상으로 되는 것을 알 수 있으며, 이 줄은 인장력을 받는 것임을 알 수 있다. 그림 16.3은 그림 16.2의 상태를 역학적으로 설명하기 위한 자유물체도(Free body Diagram)를 나타내고 있다. 빨랫줄의 좌측에는 T_1의 인장력이, 우측에는 T_2의 인장력이 각각 발생하며, 이 두 인장력의 합력은 질량추의 중량 W와 같아지게 된다. 인장력 T_1과 T_2, 그리고 질량추의 중량 W에 의한 평형상태를 그림 16.4에 시력도(示力圖, Force Polygon)[40]로 나타내었다.

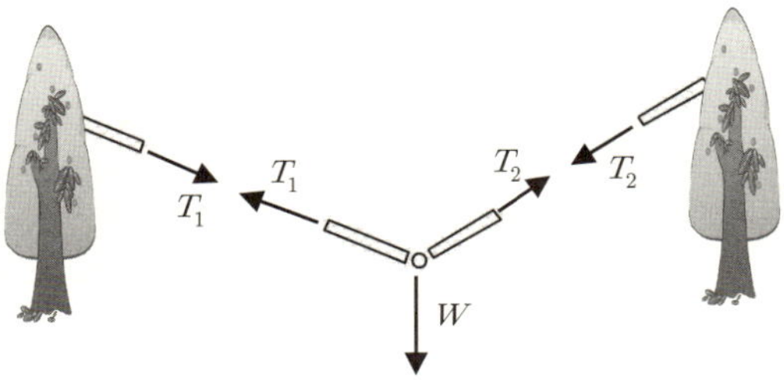

그림 16.3 자유물체도

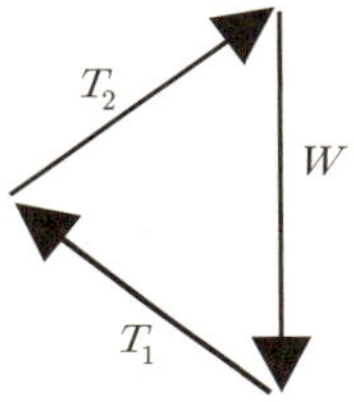

그림 16.4 시력도

16.2 케이블구조의 사례

(1) 케이블을 이용하여 체육관 지붕의 하중을 지탱하는 건축물의 예는 일본의 요요기 국립실내종합경기장을 들 수 있다.(사진 16.1, 16.2) 1968년 동경올림픽의 실내경기장으로 사용되었으며, 현재 다양한 경기와 공연이 이루어지고 있다.

사진 16.1 요요기 국립실내경기장(전경)

사진 16.2 요요기 국립실내경기장(지붕)

40) 힘의 합력과 분력을 쉽게 알 수 있게 그린 그림으로 힘의 합성도(合成圖)를 의미함.

(2) 케이블구조의 기본적인 형상을 가진 대표적인 구조물은 현수교(Suspension Bridge)이다.(사진 16.3, 사진 16.4) 현수교는 주탑과 주탑 사이의 교량 상부구조를 강인한 케이블이 지지해주고 있는 케이블구조이다. 최근에 건설되는 현수교의 케이블은 고강도 철선을 수 천 개의 가닥으로 묶어서 만들며 수 천 톤의 인장력에 저항한다.

사진 16.3 광안대교(한국 부산)

사진 16.4 Rainbow Bridge(일본 도쿄)

(3) 케이블구조의 또 다른 구조물은 사장교(Cable-stayed Bridge)이다. 케이블을 주탑과 상판에 직접 연결하여 도로상판의 하중을 지지하는 구조이다. 국내의 대표적인 예는 서해대교이다.(사진 16.5, 사진 16.6)

사진 16.5 서해대교 1 (한국 당진)
사진 : 당진군청홈페이지 인용(2007년)

사진 16.6 서해대교 2 (한국 당진)
사진 : 당진군청홈페이지 인용(2007년)

16.3 실험학습

16.3.1 실험학습-1 : 한 개의 질량추에 대한 케이블의 인장력[41)]

(1) 실험 목적

한 개의 질량추에 대한 케이블상의 위치에 따른 인장력의 변화 이해

(2) 실험 개요

빨랫줄의 기울기 및 질량추의 내려간 위치를 바꾸어 빨랫줄에 생기는 인장력이 어떻게 변하는지를 알아본다.

(3) 실험 준비물

- B3 정도의 나무 패널 또는 두꺼운 보드
- 방안지(1cm 정도의 그리드가 있는 것이 좋다.)
- 용수철저울
- 빨랫줄, 고무줄 링
- 질량추(500g 정도)

(4) 실험 설치와 진행방법

① 방안지를 B3 정도 패널의 한 점에 빨랫줄의 한쪽을 묶는다.
② 빨랫줄의 다른 한 쪽은 용수철저울과 연결시킨다.
③ 빨랫줄의 중앙부에 질량추를 매단다.
④ 빨랫줄의 기울기 및 질량추의 이동에 따른 인장재의 인장력을 용수철저울을 측정하여 파악한다.

16.3.2 실험학습-2 : 복수의 질량추에 대한 케이블의 형상 변화[42)]

(1) 실험 목적

복수의 질량추 위치에 따른 케이블의 형상변화와 평형상태에 대한 이해

(2) 실험 개요

케이블이 복수의 질량추에 대하여 어떠한 형상을 구성하여 평형상태를 유지하는지를

41) 日本建築學會, 構造入門教材 : ちからとかたち, 技報堂, 2002. pp.83~87의 내용을 참조함.
42) 日本建築學會, 構造入門教材 : ちからとかたち, 技報堂, 2002. pp.83~87의 내용을 참조함.

실험을 통해 확인한다.

(3) 실험 준비물

- 빨랫줄, 고무줄 링
- 질량추(500g 정도) 여러 개

(4) 실험 설치와 진행방법

① 한 사람이 빨랫줄 한 쪽을 잡는다.

② 질량추 2개를 빨랫줄에 매달고 줄의 다른 한 쪽을 다른 사람이 손으로 잡는다.

③ 케이블의 형상을 확인한다.

④ 위 ①~③의 과정을 질량추의 개수를 증가시키면서 확인한다.

(5) 실험 사례

① 질량추 2개를 케이블에 매달았을 때

그림 16.5는 2개의 질량추를 매달아 둔 상태를 나타낸 것이다. 빨랫줄의 세 변이 직선을 유지하는 것을 알 수 있다. 앞에 언급한 실험과 마찬가지로 빨랫줄은 직선이 되어 인장력을 받는다. 빨랫줄과 빨랫줄의 사이에는 반드시 θ_1과 θ_2의 기울기가 존재하여 평형상태를 유지한다는 것을 알 수 있다.

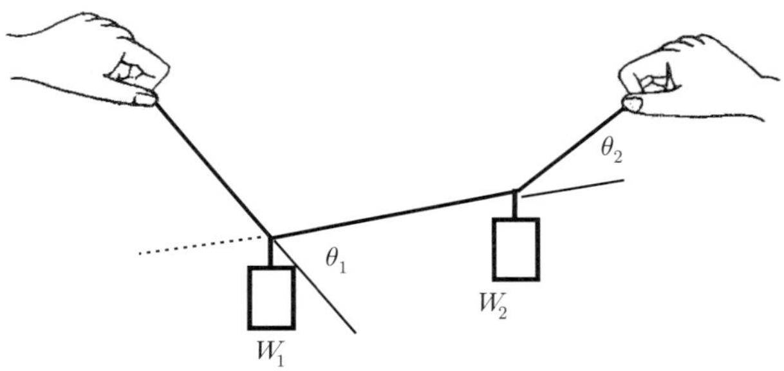

그림 16.5 질량추 2개를 아래로 매달기

② 질량추 3개를 케이블에 매달았을 때

질량추 3개를 매달았을 때, 케이블구조의 평형을 유지하는 형태를 알아본다. 그림 16.6은 평형 상태를 보여주며 각각의 질량추가 매달려 있는 위치에서 2개의 경우와 마찬가지로 각각의 줄 사이에는 θ_1, θ_2, θ_3의 기울기가 발생하는 것을 알 수 있다. 이어서 더 많은 질량추를 매달았을 때의 경우에는 어떻게 되는지 알아보기로 한다.

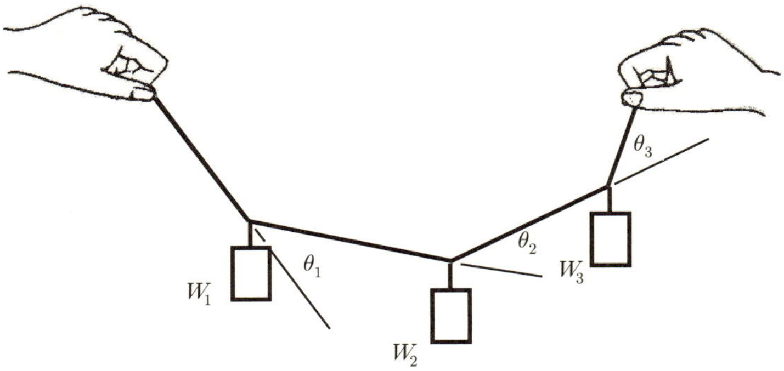

그림 16.6 질량추 3개를 아래로 매달기

③ 질량추 7개를 케이블에 매달았을 때

그림 16.7과 같이 7개의 질량추를 매달았을 때, 질량추와 질량추 사이의 빨랫줄은 직선을 유지하며 더불어 이 직선 변은 다각형을 이루어 2개, 3개의 경우에 비해 다각형의 형상은 점차 곡선에 근접하게 된다는 것을 알 수 있다.

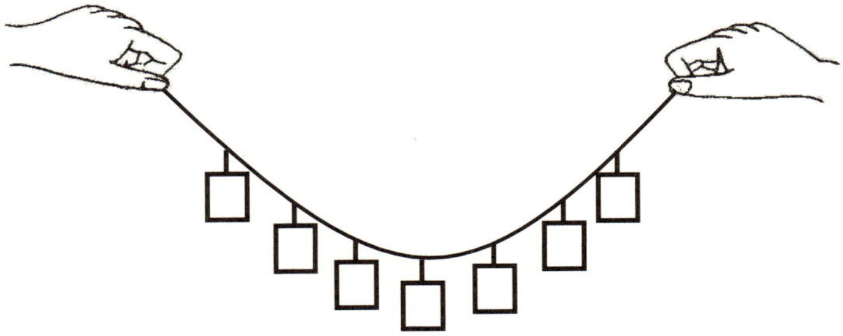

그림 16.7 7개의 질량추를 아래로 매달기

- **추가학습** 케이블은 다른 부재에 비해 강성이 작다. 이에 따라 케이블을 이용할 때 고려해야 할 사항은 어떤 것이 있을까요?

인장력만 작용하는 케이블구조는 케이블 자체가 갖는 능력을 최대한 발휘할 수 있도록 합리적이고 경제적으로 설계된 것이다. 반면에 강성이 적기 때문에 하중변화에 잘 적응해야 한다. 예를 들어 현수교의 경우에는 다리를 지나는 사람과 자동차 등의 수직하중 이외에, 바람과 지진과 같은 수평하중을 받는다. 특히 큰 바람을 받는 경우에는 다리 아래 부분에서 위쪽으로 불어오는 것과 같은 힘이 작용하는 것이다. 이와 같은 케이블구조의 불안정을 극복하지 못하면 구조물로서 설계하기 힘들다.

현수교에 대한 파괴는 미국의 구 타코마 다리(Tacoma Narrow Bridge)에 의해 큰 교훈을 얻었다.(사진 16.7) 1937년, 미국 워싱턴주 타코마 해협에 건설된 첫 번째 다리였다. 이 다리는 현수교로 건설되었으나 완공 3년만인 1940년 11월 7일에 붕괴되었다. 이 다리는 최악의 토네이도에도 견딜만한 강도를 갖도록 설계되었으나 타코마 다리의 붕괴원인은 초속 20m/s에 의한 바람의 공진[43](Resonance) 현상으로 확인되었다.

사진 16.7 Tacoma Bridge (붕괴 장면)

43) 외력의 진동수(Forced Frequency)와 물체의 고유진동수(Natural Frequency)가 일치할 때 진폭이 점점 커지는 현상

PART 6

진 동

17_ 구조물의 진동

17.1 진동(Vibration)

구조물이나 물체가 동적인 외력을 받아 운동의 평형 위치로부터 반복운동하는 현상을 진동이라 한다. 반복운동하는 진동체에 대해서는 진동주기와 진동응답(변위, 속도, 가속도)이 주요 관심대상이 된다.

(1) 자유도(自由度, Degree of Freedom)

물체의 운동을 표현하는데 필요한 변위성분을 자유도라 한다. 오른쪽의 단진자 운동을 수평변위 x와 수직변위 y의 좌표로 나타낸다면 2자유도가 되지만, 변위 θ로 표시한다면 1자유도가 된다.

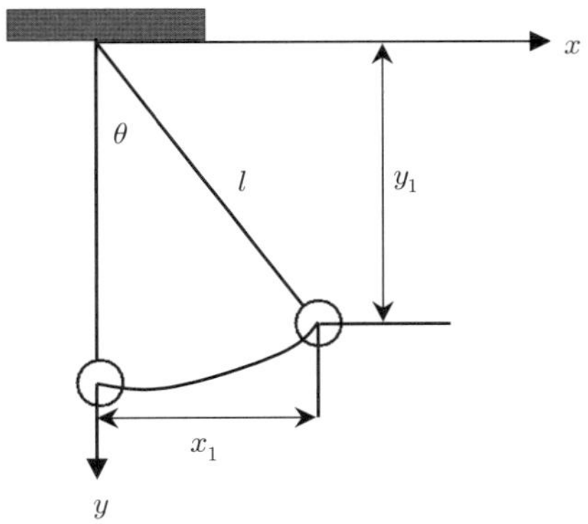

그림 17.1 단진자의 자유도

(2) 단자유도계(單自由度界, Single Degree of Freedom)와 다자유도계(多自由度界, Multi Degree of Freedom)

하나의 질량체가 한 방향으로만 움직일 수 있다면 그 물체의 운동방정식은 단 하나의 변위변수로서 표현할 수 있는데, 이러한 시스템을 단자유도계라 한다. 질량체가 2개 이상이거나 물체의 운동이 2방향 이상인 경우는 2개 이상의 변위변수로 전체의 운동방정식을 표시해야 하므로 이와 같은 경우는 다

자유도계라 한다.

(3) 각속도와 주기, 진동수의 관계

물체의 진동이 1회 반복되는 시간을 진동주기(T)라 하고, 1초에 진동주기가 몇 번 반복되었는가를 진동수(f)라 한다.($f = 1/T$)

물체의 1회 반복운동을 1회 원운동으로 바꾸어 생각해 볼 수 있는데, 물체가 원운동을 진행하는 1초당의 속도를 각속도(ω)라 한다. 한 바퀴의 원은 라디안 단위로 2π이다. 물체의 각속도가 1초에 2π(한 바퀴)를 진행한다면 진동주기는 1초가 되고, 진동수도 1Hz가 된다. 물체의 각속도가 좀 더 빨라서 1초에 8π(네 바퀴)를 진행한다면 한 바퀴 원운동을 하는데 필요한 진동주기는 1/4초가 되고, 1초에 원운동을 한 진동수는 4가 된다. 반대로 물체의 각속도가 매우 느려서 1초에 π(반 바퀴) 만큼 진행한다면 한 바퀴 원운동하는데 필요한 진동주기는 2초가 되고, 1초에 원운동을 한 진동수는 1/2가 된다.

각속도와 주기, 진동에 관한 수식을 다시 정리하면 다음과 같다.

$$f = \frac{\omega}{2\pi} = \frac{1}{T}$$

17.2 단자유도계의 진동

무게를 무시할 수 있고 강성이 k인 용수철과 질량이 m인 물체로 구성된 단자유도계에서 진동각속도는 다음의 식으로 구할 수 있다.

$$\omega = \sqrt{\frac{k}{m}} \qquad (\omega \text{ : 각속도})$$

위 식은 진동에 관한 가장 기본적인 식으로서 간단하면서도 매우 중요한 식이다. 이 식의 성질을 잘 이해하면 진동에 관련된 문제를 보다 쉽게 이해하고 해결 방안에도 쉽게 접근할 수 있다.

- 진동체의 강성이 강하면 강할수록 진동각속도는 커지고(빨라지고), 진동체의 질량이 커지면 커질수록 진동각속도는 작아진다(느려진다). 진동각속도가 크다는 이야기는 진동체의 반복운동 속도가 빠르다는 것이므로 1초당 반복운동하는 진동수도 이에 비례하여 증가하게 된다.

$$\omega = 2\pi f$$

• 각속도가 빠르다는 것은 진동체가 1회 반복하는 진동주기가 짧아지는 것이므로 진동주기와 각속도(또는 진동수)는 반비례의 관계가 있다.

본 장에서는 진동현상에서 가장 기본적인 단자유도계 실험을 단진자, 용수철진동과 1질점계의 진동에 관해서 실시하며, 단진동의 고유주기와 공진현상에 관해 학습한다. 실험학습에서 사용될 수식은 다음과 같다.

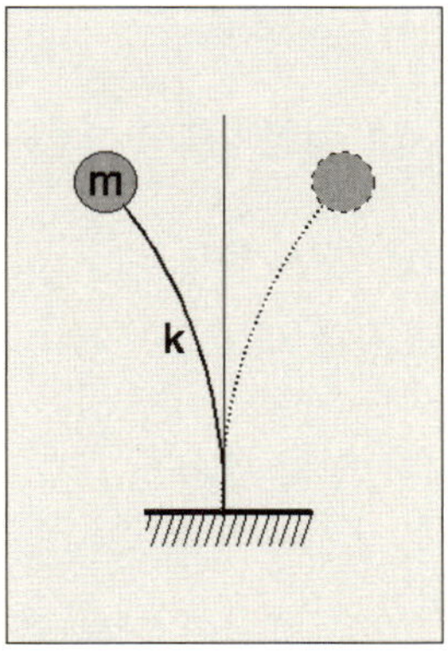

그림 17.2 단자유도계의 진동

고유주기 : $T=2\pi\sqrt{\dfrac{l}{g}}$ $f=\dfrac{1}{T}$,

$T=2\pi\sqrt{\dfrac{m}{k}}$

여기서, l=줄의 길이(m), g=중력가속도(m/s^2), m =질량(g),

k=스프링강성(N/cm), T=주기(sec), f=진동수(Hz)

17.3 단자유도계의 운동방정식

강성이 k, 감쇠상수(Damping Constant)가 c, 질량이 m 이고 물체에 작용하는 외부력을 $f(t)$ 라 하면 단자유도계의 운동방정식은 다음과 같다. 여기서 y는 계의 변위, $\dot{y}$는 계의 속도, $\ddot{y}$는 계의 가속도이다.

$$m\ddot{y} + c\dot{y} + ky = f(t)$$

물체의 움직임을 늦추게 하는 힘은 계의 속도에 비례하는 힘을 가지고 있으며, 감쇠상수와 계의 속도를 곱한 크기의 힘($c\dot{y}$)을 가진다. 외부력이 없을 때, $c^2 - 4km > 0$인 경우에는 물체의 운동이 시간이 증가함에 따라 0으로 감소하게 되고, 이 경우를 과도감쇠(Over Damping)라 한다. $c^2 - 4km < 0$인 경우는 과소감쇠(Under Damping)라 하고 계는 진동을 하며 시간의 증가에 따라 진폭은 0으로 감소한다. 한편, $c^2 - 4km = 0$인 경우는 임계감쇠(Critical Damping)라 한다.

17.4 실험학습

17.4.1 실험학습-1 : 진자(振子)의 단진동[44)]

(1) 실험 목적

고유주기(고유진동수)가 낚싯줄의 길이와 관계가 있음을 이해한다.

(2) 실험 개요

소형 바이스에 낚싯줄의 한 쪽 끝을 연결하고, 다른 한 쪽 끝에는 질량추로 단진자(單振子)를 매달아 이를 좌우로 흔들어 진동실험을 실시한다.

(3) 실험 준비물

- 낚싯줄 : 약 1m, 진자를 매다는 용도
- 질량추 : 50g의 진자
- 가위 : 낚싯줄을 자르는 용도
- 막대자 : 낚싯줄 길이 측정
- 초시계 : 주기측정을 위한 시간 측정
- 소형 바이스 : 낚싯줄을 매달 수 있게 잡아주는 용도
- 비디오세트 : 단진동 측정 촬영

(4) 실험 설치와 진행방법

① 적당한 길이의 낚싯줄을 소형 바이스에 한 쪽을 고정하고 늘어뜨린다.
② 낚싯줄의 다른 한 쪽에 진자용 질량추를 매단다.
③ 한 쪽 진폭이 1~2cm 정도가 되는 단진동을 발생시켜 40회의 진동시간을 측정한다.
④ 단진자의 진동주기를 구한다.
⑤ 실험 고유주기와 계산 고유주기를 비교하여 고찰한다.

(5) 실험 사례

사례의 조건은 다음과 같다고 가정한다.

- 낚싯줄 길이 : 30cm
- 질량추 : 50g

44) 日本建築學會, 構造入門教材: ちからとかたち, 技報堂, 2002. pp.83~87의 내용을 참조함.

- 진동 횟수 : 40회
- 진동 시간 : 39.7s

여기서 한 쪽 진폭이 1~2cm 정도 되는 단진동을 발생시켜 위의 조건에 적용하여 단진자의 진동주기를 구하면 다음과 같은 결과가 나온다.(그림 17.3 참조) 본 사례에서는 고유주기의 실험값과 계산값의 비는 0.9로 나타났다.

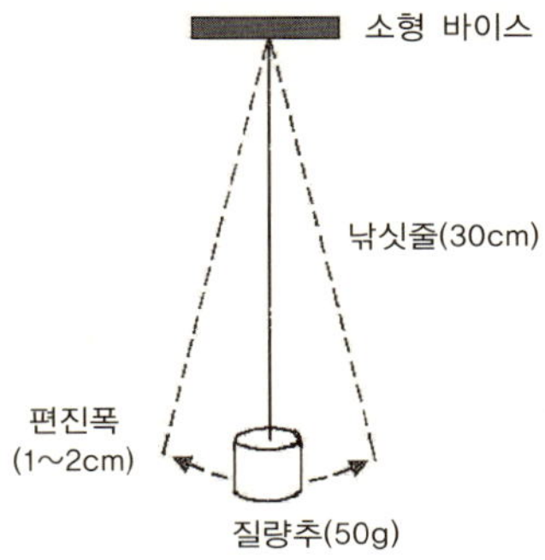

그림 17.3 진자의 단진동 실험

- 진동 시간(40회) 39.7s
- 실험 고유주기 T_{test} = 진동 시간 / 진동 횟수

$$= 39.7/40 = 0.99s$$

실험 고유진동수 $f_{test} = \dfrac{1}{T_{test}} = \dfrac{1}{0.99} = 1.01\ \text{Hz}$

- 계산 고유주기 $T_{cal} = 2\pi\sqrt{l/g}$

$$= 2\pi\sqrt{0.3/9.8} = 1.10s$$

계산 고유주기 $f_{cal} = \dfrac{1}{T_{cal}} = \dfrac{1}{1.10} = 0.91\ \text{Hz}$

여기서, l = 줄의 길이(m), g = 중력가속도(m/s^2)

$$T_{test}/T_{cal} = 0.99/1.10 = 0.90$$

• 추가학습	단진자 낚싯줄의 길이를 변화시킬 때, 고유주기가 어떻게 변화하는지 관찰해 본다.

• 추가학습	단진자 질량추의 무게를 변화시킬 때, 고유주기가 어떻게 변화하는지 관찰해 본다.

• 추가학습	단진자 질량추의 진폭을 변화시킬 때, 고유주기가 어떻게 변화하는지 관찰해 본다.

17.4.2 실험학습-2 : 코일 용수철의 자유진동[45)]

(1) 실험 목적

고유주기(고유진동수)가 스프링강성과 질량추에 의한 함수관계라는 것을 이해한다.

(2) 실험 개요

소형 바이스에 코일 용수철의 한 쪽 끝을 연결하고, 다른 한 쪽에는 질량추를 달아 진동체를 만들고 진동체의 자유진동실험[46)]을 실시한다.

(3) 실험 준비물

- 코일용수철 : 0.03N/cm 1개
- 질량추 : 10g의 진동체
- 막대자 : 진폭 측정
- 초시계 : 주기측정을 위한 시간 측정
- 소형 바이스 : 코일 용수철을 매달 수 있게 잡아주는 용도
- 비디오세트 : 자유진동 측정 촬영

(4) 실험 설치와 진행방법

① 코일용수철의 한 단을 소형 바이스에 고정한다.

② 코일용수철의 타단에 질량추를 달아서 코일용수철 실험체를 움직인다.

③ 질량추를 자유진동시켜 40~50회의 진동시간을 측정하여 고유주기를 구한다.

④ 실험 고유주기와 계산 고유주기를 비교하여 고찰한다.

(5) 실험 사례

사례의 조건은 다음과 같다고 가정한다.

- 질량추 : 10g
- 코일용수철 강성 : 0.03N/cm
- 진동 횟수 : 40회
- 진동 시간 : 15.10s

---

45) 日本建築學會, 構造入門教材: ちからとかたち, 技報堂, 2002. pp.83~87의 내용을 참조함.

46) 외부의 작용이 없는 상태에서 생기는 진동. 시간의 경과와 함께 외부로부터 작용에 의해 발생하는 진동을 강제진동이라 한다. 진동체의 자유진동은, 강제변위를 순간적으로 해방하는 것에 의해 발생시킬 수 있다.

코일용수철의 한 단을 소형 바이스에 고정하고, 타단에 질량추를 달아서 용수철 실험체를 움직인다.(그림 17.4 참조) 이 실험체를 자유진동시켜 40회의 진동시간을 측정하여 고유주기를 구한다. 이 실험 예의 실험 고유주기와 계산고유주기의 비는 1.04로 나타났다.

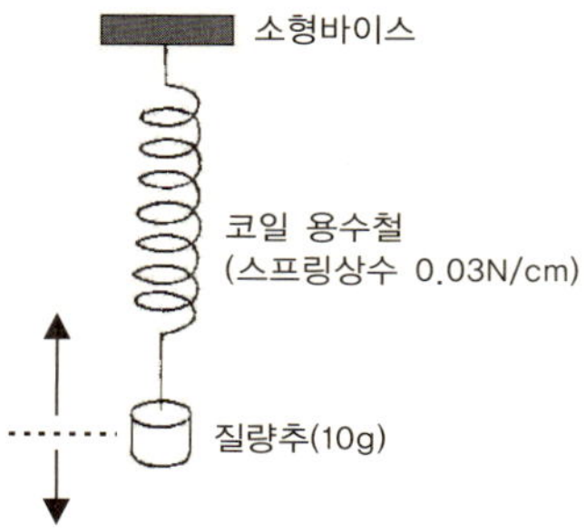

그림 17.4 코일용수철 자유진동

- 진동 시간(40회) 15.10s
- 실험 고유주기 T_{test} = 진동 시간 / 진동 횟수

$$= 15.10/40 = 0.378\text{s}$$

실험 고유진동수 $f_{test} = \dfrac{1}{T_{test}} = \dfrac{1}{0.378} = 2.65\text{Hz}$

- 계산 고유주기 $T_{cal} = 2\pi\sqrt{m/k}$

$$= 2\pi\sqrt{10/(0.03\times 1{,}000\times 100)} = 0.363\text{s}$$

[단위환산 kg ➜ g(×1,000), m ➜ cm(×100)]

계산 고유진동수 $f_{cal} = \dfrac{1}{T_{cal}} = \dfrac{1}{0.363} = 2.75\text{Hz}$

여기서, m = 질량(g), k = 스프링강성(N/cm)

$$T_{test} / T_{cal} = 0.378/0.363 = 1.04$$

• 추가학습	코일용수철의 강성과 질량추의 무게를 변화시켜가면서 고유주기의 변화를 관찰한다. 이때 계산 고유주기를 구해 실험학습의 경우와 같이 비교해본다. (실험학습-4, 실험학습-5 참조)

17.4.3 실험학습-3 : 1 질점계의 자유진동[47)]

(1) 실험 목적

1질점계의 자유진동이 진자의 단진동 및 코일 용수철의 자유진동과 동일한 양상으로 나타난다는 것을 이해한다.

47) 日本建築學會, 構造入門教材: ちからとかたち, 技報堂, 2002. pp.83~87의 내용을 참조함.

(2) 실험 개요

플라스틱봉의 정상부에 유점토(油粘土)로 된 질량체를 붙여 1질점계의 진동체를 만든다. 진동체의 자유진동실험을 실시하여 진동양상을 파악한다.

(3) 실험 준비물

- 플라스틱봉 : ϕ2.7mm, 40cm 1개
- 유점토 : 50g
- 초시계 : 주기측정을 위한 시간 측정
- 소형 바이스 : 플라스틱 봉을 고정할 수 있게 잡아주는 용도
- 용수철저울 : 플라스틱봉의 수평강성 계측
- 낚싯줄 : 플라스틱봉의 수평강성 계측
- 비디오세트 : 자유진동 측정 촬영

(4) 실험 설치와 진행방법

① 플라스틱 봉의 한 단을 소형 바이스에 고정한다.

② 타단에 유점토(油粘土)의 질량체를 부착하여 1질점 진동실험체를 만든다.

③ 실험체의 자유진동실험을 실시하여 고유주기를 구한다.

④ 실험 고유주기와 계산고유주기를 비교하여 살펴본다.

(5) 실험 사례

사례의 조건은 다음과 같다고 가정한다.

- 플라스틱봉 길이 : 30cm
- 유점토 : 10g
- 진동 횟수 : 10회
- 진동 시간 : 7.12s

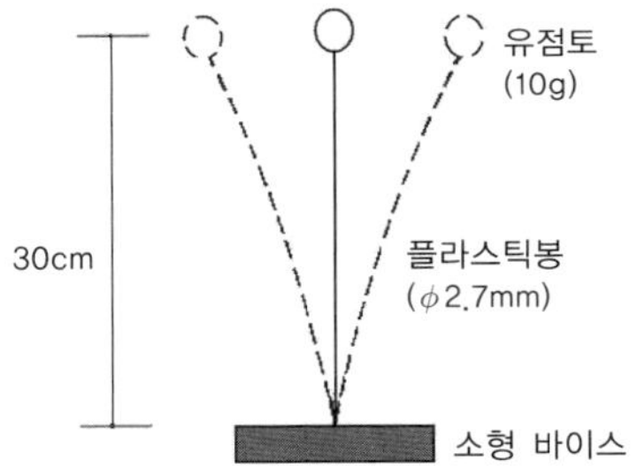

그림 17.5 1질점계의 자유진동

① 플라스틱 봉의 강성 구하기

고유주기의 계산값을 구하기 위해서는 먼저 플라스틱봉의 강성을 구해야 한다. 플라스틱봉의 강성은 매우 작아, 자유진동실험에 사용되는 플라스틱봉의 길이 30cm로는 강성의 측정이 곤란하다. 따라서 강성이 부재 길이의 세제곱에 반비례한다는 것을 이용하여 길이가 10cm인 부재의 수평강성실험으로부터 길이 30cm인 실험체의 부재에 대한

강성을 구하기로 한다.

강성을 구하는 실험은 자유진동실험과 동일하게, 플라스틱봉의 한쪽 단을 소형 바이스에 고정시키고, 먼저 고정된 지점으로부터 10cm 높이의 위치에서 낚싯줄과 용수철저울을 수평으로 연결한다. 이어서 낚싯줄을 부재축의 직각인 수평으로 잡아당겨 부재의 수평변위가 1cm, 2cm, 3cm될 때 용수철저울의 눈금을 각각 읽어 표 17.1에 기록한다.

표 17.1 플라스틱봉의 변위와 용수철저울의 반력

수평변위 δ(cm)	1	2	3
수평반력 Q(N)	0.2	0.4	0.6

이 실험예의 경우 30cm 길이의 부재 강성은 아래와 같이 구할 수 있다.

$$k = Q/\delta = 0.2/(30/10)^3 = 0.0074\text{N/cm}$$

② 플라스틱 봉의 고유주기 구하기

앞에서 구한 강성을 이용하여 고유주기 계산값을 구한 후, 실험으로부터 구한 고유주기와 비교해 본다. 본 실험예의 경우, 고유주기의 실험값과 계산값의 비는 0.98로 나타났다.

- 진동 시간(10회) 7.12 s
- 실험 고유주기 T_{test} = 진동 시간 / 진동 횟수 $= 7.12/10 = 0.712\text{s}$

  실험 고유진동수 $f_{test} = \dfrac{1}{T_{test}} = \dfrac{1}{0.712} = 1.40\text{Hz}$
- 계산 고유주기 $T_{cal} = 2\pi\sqrt{m/k}$ $= 2\pi\sqrt{10/(0.0074 \times 1{,}000 \times 100)} = 0.730\text{s}$

  [단위환산 kg ➜ g(×1,000), m ➜ cm(×100)]

  계산 고유진동수 $f_{cal} = \dfrac{1}{T_{cal}} = \dfrac{1}{0.730} = 1.37\text{Hz}$

여기서, m = 질량(g), k = 스프링강성(N/cm)

$$T_{test}/T_{cal} = 0.712/0.730 = 0.98$$

17.4.4 실험학습-4 : 진동체의 질량과 진동수의 관계

(1) 실험목적

단자유도계 진동체의 질량에 따른 진동수의 변화를 이해한다.

(2) 실험개요

스탠드에 매달린 용수철에 질량추를 매달고 자유진동시킨다. 추가 50g, 100g, 200g, 500g인 경우에 대하여 자유진동수를 계측하여 질량의 증가에 따른 진동수의 변화를 분석한다.

(3) 실험 준비물

- 스탠드
- 용수철
- 질량추 50g, 100g, 200g, 500g
- 초시계

(4) 실험 설치 및 진행 방법

① 스탠드에 설치된 용수철에 50g 질량추를 매달고 자유진동시킨다.

② 30초 동안의 자유진동수를 계측하여 진동주기, 1초당 진동수 및 각속도 등을 계산한다.

③ 용수철의 스프링강성을 알 수 있는 경우는 수식적으로 각속도와 진동수 등을 계산하여 그 값을 실험값과 비교해 본다.

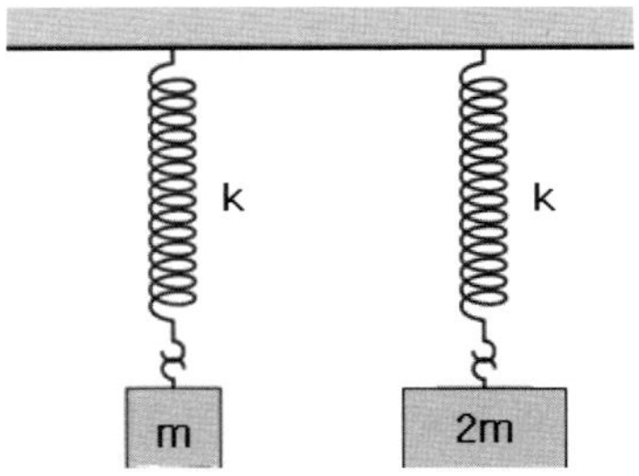

그림 17.6 진동수와 질량의 관계

④ 100g, 200g, 500g 질량추에 대하여 ②, ③의 과정을 반복하고 질량추의 질량변화에 따른 진동수, 진동주기, 각속도의 변화를 분석한다.

(5) 실험 주의사항

- 질량추가 너무 가볍거나 용수철의 강성이 큰 경우는 진동주기가 너무 짧아서 시각적으로 진동수를 계측할 수 없다. 진동수의 계측이 용이하도록 용수철의 강성과 질량추의 무게를 적절히 선택해야 한다.

17.4.5 실험학습-5 : 진동체의 강성과 진동수의 관계

(1) 실험목적

단자유도계 진동체의 강성에 따른 진동수의 변화를 이해한다.

(2) 실험개요

스탠드에 매달린 용수철에 질량추를 매달고 자유진동시킨다. 추의 질량은 고정시키고 용수철의 강성이 서로 다른 여러 가지 경우에 대하여 각각 실험하여 진동수의 변화를 관찰한다.

(a) 용수철의 강성이 큰 것과 작은 것의 경우
(b) 동일한 강성의 용수철을 병렬로 1, 2개 연결한 경우
(c) 동일한 강성의 용수철을 직렬로 1, 2개 연결한 경우

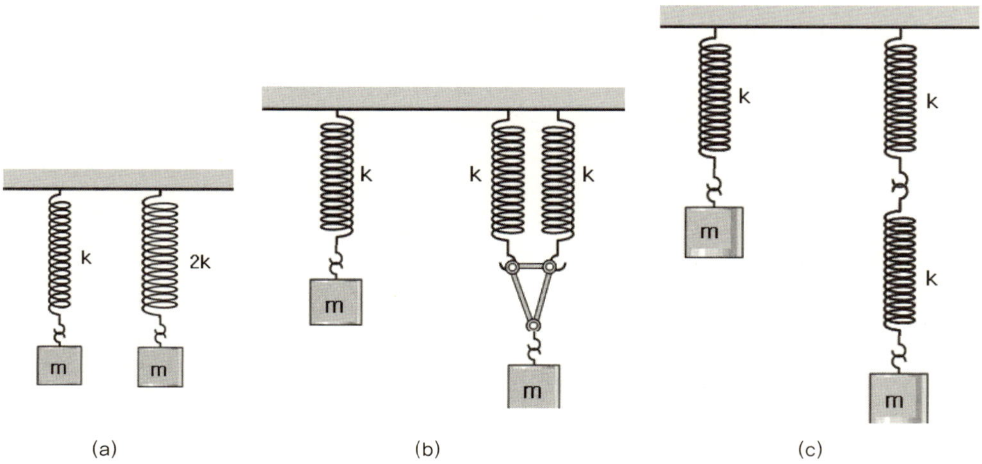

그림 17.7 진동수와 강성의 관계

(3) 실험 준비물

- 스탠드
- 용수철 여러 개
- 200g 질량추
- 초시계

(4) 실험 설치 및 진행 방법

① 강성이 작은 용수철을 스탠드에 설치하고 여기에 200g 질량추를 매달아 자유진동시킨다.

② 30초 동안의 자유진동수를 계측하여 진동주기, 1초당 진동수 및 각속도 등을 계산한다.

③ 용수철의 스프링강성을 알 수 있는 경우는 수식적으로 각속도와 진동수 등을 계산하여 그 값을 실험값과 비교해 본다.

④ 강성이 큰 용수철을 스탠드에 매달고 여기에 200g 질량추를 매달아 자유진동시킨다.

⑤ 30초 동안의 자유진동수를 계측하여 진동주기, 1초당 진동수 및 각속도 등을 계산한다.

⑥ 용수철의 탄성계수를 알 수 있는 경우는 수식적으로 각속도와 진동수 등을 계산하여 그 값을 실험값과 비교해 본다.

⑦ 동일한 강성의 용수철을 병렬로 1, 2개 연결한 경우에 대하여 위의 ②, ③ 과정을 실험하고 결과를 분석한다.

⑧ 동일한 강성의 용수철을 직렬로 1, 2개 연결한 경우에 대하여 위의 ②, ③ 과정을 실험하고 결과를 분석한다.

(5) 실험 주의 사항

- 용수철을 병렬로 연결하는 경우에서 질량추의 하중이 양쪽 용수철에 균등하게 작용하도록 해야 한다.
- 용수철을 병렬로 연결하는 경우에서 질량추를 매다는 연결재의 무게는 질량추의 무게에 합산하도록 한다.

17.4.6 실험학습-6 : 단순보의 단면변화에 따른 고유진동수의 변화

(1) 실험목적

기본적인 진동이론을 응용하여 구조물에서의 진동특성을 이해하도록 한다.

(2) 실험개요

아이소핑크 또는 다른 적당한 재료로 단면이 서로 다른 여러 개의 장방형 보를 만들고 이 부재들에 대한 자유진동실험을 하여 고유진동수를 파악한다. 단면이 커지면 단면

2차모멘트가 커지므로 강성이 커지게 되어 고유진동수가 증가하게 된다. 그러나 단면이 커지면서 부재의 질량도 증가하였으므로 이에 대한 영향도 무시할 수 없다. 즉 단면2차모멘트의 증가율과 질량증가율의 비율에 따라 부재의 고유진동수가 변화하게 된다.

- 여러 가지 단면형상에 대하여 고유진동수 실험을 해 보면서 단면2차모멘트의 증가율과 질량증가율의 변화에 따른 보부재의 고유진동수 변화 특성을 이해하도록 한다. 더 나아가 보 부재의 정적 처짐 변화와 함께 학습하면 강성 - 처짐 - 진동에 관한 이해로 확대할 수 있다.
- 양단 단순지지 보의 고유진동수는 다음 식으로 구할 수 있다.
  EI/L은 강성 k에 해당하고, 9.87/2π는 지지단 조건(양단 단순지지)에 따른 계수이다.

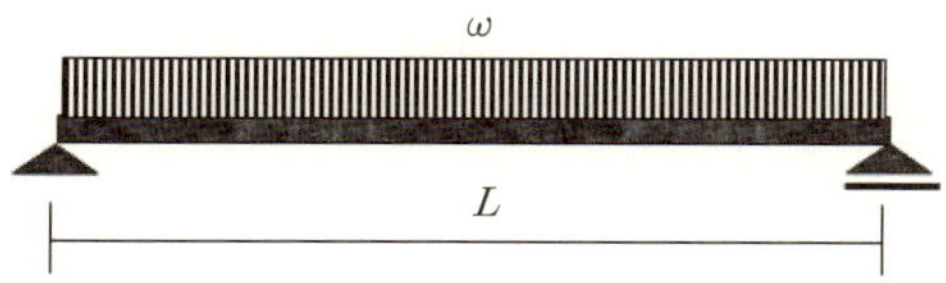

그림 17.8 양단 단순지지 보

$$f = \frac{9.87}{2\pi L^2}\sqrt{\frac{EI}{m}}$$

E : 부재의 탄성계수
I : 부재의 단면2차모멘트
w : 단위길이당 작용하중
L : 부재의 지지단 거리

(3) 실험준비물

- 두께 20mm 아이소핑크 또는 두께 10mm 우드락
- 커터칼
- 클램프
- 단순지지용 지지단
- 초시계

(4) 실험 설치 및 진행 방법

① 아이소핑크 또는 우드락을 사용하여 단면이 다른 장방형 보를 여러 가지 만든다. 단, 시각적인 계측으로 진동수를 판별할 수 있도록 강성이 작은 보를 만들어야 한다. 단면을 작게 하거나 길이를 길게 만들면 된다.

② 각각의 보에 대한 단면2차모멘트를 계산하고, 단위길이당 질량을 계량한다.

③ 기준이 되는 보를 정하고, 이에 대한 다른 보들의 단면2차모멘트 변화율과 단위길이당 질량의 변화율을 표로 정리한다.

④ 각각의 보에 대하여 양단 단순지지 조건에 대한 고유진동수 계산식을 사용하여 고유진동수를 계산한다. 재료의 탄성계수는 처짐실험 등으로 개략적인 탄성계수 값을 구하거나 임의의 값으로 가정한 경우는 고유진동수 값의 변화를 상대비교하면 된다.

⑤ 각각의 보에 대하여 양단 단순지지 조건으로 자유진동을 시켜 30초 동안 진동한 횟수를 계측한다.

⑥ 계산으로 구한 고유진동수와 실험으로 구한 고유진동수를 비교한다.

⑦ 단면2차모멘트의 증가율 변화와 단위길이당 질량 증가율의 변화에 따른 고유진동수의 변화를 분석하고 토론한다.

(5) 실험 주의 사항

- 아이소핑크 또는 우드락으로 보부재를 만들 때, 단면이 일정해야 한다.
- 보부재의 단면2차모멘트가 너무 크면 진동주기가 짧아지므로, 실험상 편의를 위하여 단면적을 작게 하거나 보부재의 길이를 길게 만드는 것이 좋다.

17.4.7 실험학습-7 : 보부재의 지지단 길이변화에 따른 고유진동수 변화

(1) 실험목적

부재의 지지단 길이에 따른 고유진동수의 변화를 이해한다.

(2) 실험개요

부재의 길이를 짧게 하면 강성이 커지므로 고유진동수가 커지고 부재의 길이를 길게 하면 강성이 작아지므로 고유진동수도 작아진다. 부재의 길이가 다른 몇 가지 경우에 대하여 자유진동 실험을 하여 부재의 길이에 따른 고유진동수의 변화를 이해하도록 한다. 건물의 설계과정 또는 사용 중인 건물에 있어서 진동으로 인한 문제가 제기되는 경우는 부재의 지지단 길이를 조정하여 이에 대한 문제해결에 접근하는 경우가 많다. 실무 분야에서도 종종 접하는 물리적인 기술 사항이므로 실험학습으로서 부재길이에 따른 고유진동수의 변화에 관한 개념을 이해하도록 한다.

(3) 실험준비물

- 두께 20mm 아이소핑크 또는 두께 10mm 우드락
- 커터칼
- 클램프
- 단순지지용 지지단
- 초시계

(4) 실험 설치 및 진행 방법

① 아이소핑크 또는 우드락을 사용하여 보부재를 만든다.

② 보에 대한 단면2차모멘트를 계산하고, 단위길이당 질량을 계량한다.

③ 길이가 짧은 보와 긴 보에 대하여 양단 단순지지 조건에 대한 고유진동수 계산식을 사용하여 고유진동수를 계산한다.

④ 각각의 보에 대하여 양단 단순지지 조건으로 자유진동시켜 30초 동안 진동한 횟수를 계측한다.

⑤ 계산으로 구한 고유진동수와 실험으로 구한 고유진동수를 비교한다.

⑥ 길이가 긴 보의 하부 중간점에 지지단을 하나 더 설치하고, 부재가 진동할 때 지지단에서 이격되지 않도록 한다.

⑦ 중간 지지단이 있는 경우에 대하여 자유진동 실험을 하고 고유진동수를 계측한다.

⑧ 보부재의 길이 변화에 따른 고유진동수의 변화를 분석하고 토론한다.

17.4.8 실험학습-8 : 감쇠조건에 따른 코일 용수철의 운동

(1) 실험 목적

과도감쇠 및 과소감쇠 경우의 운동현상 이해

(2) 실험 개요

코일용수철에 질량추가 매달려 있을 경우 스프링강성(k), 질량(m) 및 감쇠상수(c)에

의하여 구조계의 과도감쇠, 임계감쇠 및 과소감쇠의 여부가 결정된다. 스프링상수 및 감쇠상수를 일정하게 두고 질량을 변화시키며 과도감쇠 및 과소감쇠의 경우를 각각 모사하고, 초기 변위에 의한 자유진동실험을 실시하여 각 감쇠조건에 대한 운동현상을 시각적으로 이해한다.

(3) 실험준비물

- 코일용수철
- 질량추 : 질량이 다른 여러 개(코일용수철의 인장이 거의 없을 정도의 가벼운 질량과 코일용수철이 지지할 수 있는 한도의 무거운 질량 사이에서 적절히 선택)
- 소형 바이스 : 코일용수철을 매달 수 있게 잡아주는 용도
- 배경막 : 질량추의 위치를 확인하기 위함.

(4) 실험방법

① 코일용수철의 한 단을 소형 바이스에 고정한다.

② 코일용수철의 타단에 질량추를 매단 후 평형상태의 위치를 확인한다.

③ 하향으로 일정한 초기 변위를 가하여 코일용수철을 자유진동시킨다.

④ 질량추를 바꾸어가며 동일 실험을 실시한다.

⑤ 질량이 상대적으로 무거운 경우, 질량추가 평형상태의 위치를 중심으로 진동한 후 최종적으로 평형상태에서 정지함을 확인한다.(과소감쇠)

⑥ 질량이 상대적으로 가벼운 경우 질량추가 하향의 초기변위 위치에서 평형상태의 위치를 통과하지 않고 평형상태 위치로 이동함을 확인한다.(과도감쇠)

18_ 제진구조

18.1 개요

구조엔지니어의 꿈은 세계에서 가장 높은 구조물을 설계하는 프로젝트(계획, 설계, 시공, 설비 등)에 참여하여 자신의 능력을 최대한 발휘하는 것이라고 생각한다. 세계 초고층 구조물은 현재 세계 여러 나라에서 건설되고 있으며, 국내의 건설업체에서 시공을 담당하고 있는 구조물도 많아 국내업체의 시공기술을 전 세계에 알리고 있다. 말레이시아의 페트로나스타워(Petronas Tower)와 타이페이의 101빌딩 등이 국내업체가 시공한 대표적인 구조물이며, 2010년 1월에 준공된 아랍에미리트의 두바이에 있는 칼리파 두바이(Khalifa Dubai)건물도 국내업체가 시공하였다. 국내에서도 63빌딩을 시작으로 서울 도곡동 타워팰리스, 서울 목동 하이페리온 등과 같은 고층구조물이 들어섰으며, 또한 서울 잠실에는 초고층 구조물이 계획되고 있으며, 인천의 송도에도 초고층 구조물이 계획되고 있다. 부산의 광안대교, 당진의 서해대교와 2010년 12월에 완공된 부산과 거제를 잇는 거가대교 등과 같은 교량 구조물에서도 구조물 중앙에 세워지는 주탑은 세장하면서 높이가 높은 구조물로 간주된다.

이와 같은 초고층 구조물의 필요성은 건축공간의 고부가가치화, 고기능화에 대한 사회적 요구가 크기 때문이기도 하다. 그러나 이와 같은 초고층 구조물은 높이가 낮은 건물에 비해 꼭 극복해야 할 두 가지의 외력(바람과 지진)이 있다. 동적하중인 바람과 지진에 의해 세장한 건물인 초고층 구조물은 흔들리게 된다. 따라서 이에 대한 적절한 대책이 고층 구조물에 대해서는 수립되어야 한다.

특히 고도의 정보화건물, 전산센터 등과 같은 정보집약형 건물, 초고층 아파트, 초고층 사무실 건물, 관광 타워, 공항 관제탑 등은 구조적 안전성도 확보해야 하지만 거주성 및 사용성에 대한 대책도 필요하며, 특히 구조물에서 발생하는 진동을 저감시키는 대책도 필요하다.

일반적인 기존의 내진구조(耐震構造)는 특별한 장치나 기구를 구조물에 설치하지 않고 구조물 골조의 연성을 고려하여 골조 자체가 외부의 진동에너지를 흡수하는 것으로 건물의 안전성을 확보할 수 있었다. 그러나 이 경우에는 구조물 자체는 손상을 입게 된다.

본 장에서는 구조물에 작용하는 바람과 지진에 대하여 구조물의 손상이 일어나지 않도록 하면서 사용성 및 거주성을 확보하는 방법에 대하여 알아본다.

18.2 제진(制振)

(1) 제진의 의미

제진이라는 용어는 광의의 의미를 갖는 것으로 기계 등의 일반진동을 제어하는 제진과 지진과 바람 등에 대한 구조물의 제진을 포함한다. 용어를 구별하여 사용할 경우에 제진(制振)은 지진동과 강풍 등에 대해서 응답을 저감하는 기술로서 진동을 제어하는 의미로 사용되며, 제진(制震)은 지진에 의한 비정상적으로 충격적인 외력에 대한 응답의 저감을 주목적으로 하는 것을 의미한다.[48)]

그림 18.1은 제진에 사용되는 용어와 함께 구조물의 제진 대상이 되는 진동원과 제진 목적을 구분하여 나타내었다.

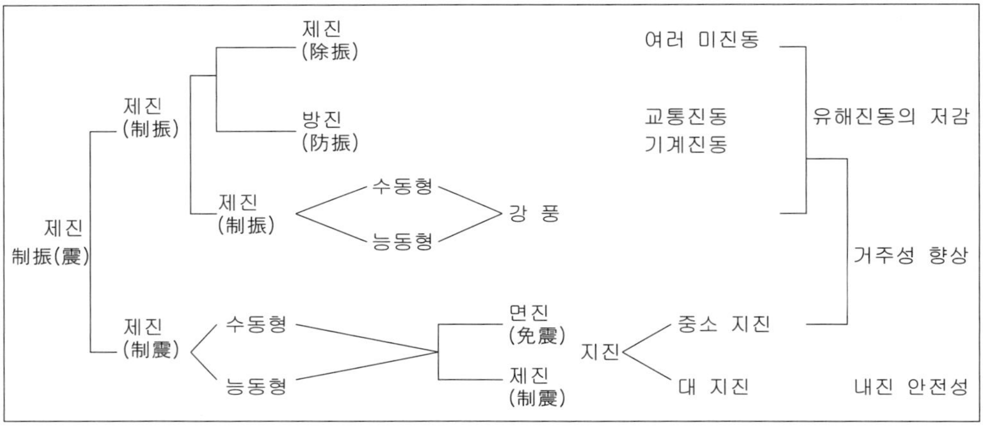

그림 18.1 제진의 대상과 분류

(2) 면진, 방진, 제진의 의미

협의의 의미에서 사용되는 제진(除振)이라는 용어는 면진(免震), 방진(防振)과 함께 사용된다. 이때는 그림 18.2(c)에서 나타낸 것과 같이 외부로부터의 진동원이 진동에 민감한 장비나 기기로 전달되지 않도록 하는 제진구조의 의미로 사용된다. 면진은 그림 18.2(a)에 나타낸 것처럼 외부의 지진에 의한 지반진동이 구조물로 전달되는 것을 구조물의 하부에 설치된 면진장치가 에너지를 흡수하여 구조물 상부의 변형과 손상을 방지

48) 日本建築學會 關東支部 構造部會, シンポジウム 制振構造の現状-高層建物の制振-, 1989. p.3.

하는 제진구조를 말한다. 방진은 그림 18.2(b)에 나타낸 것과 같이 구조물에 설치된 회전기계 등과 같은 진동원에 의해 유발되는 진동이 구조물로 전달되는 것을 방지하는 제진구조로서 방진재 등을 설치하기도 한다.

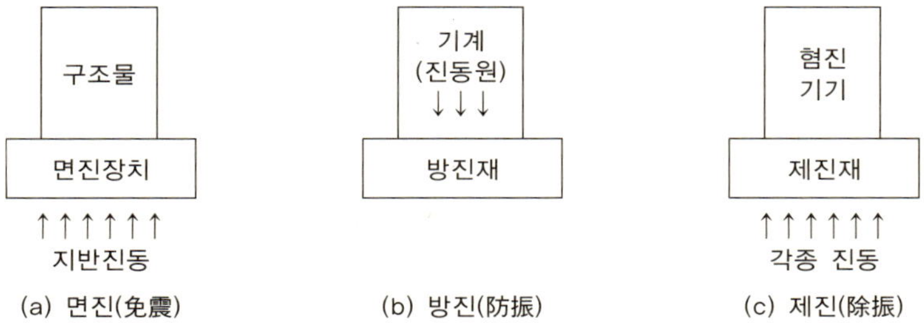

그림 18.2 면진, 방진, 제진의 구분

면진장치가 설치된 예를 살펴보면 국내에서는 건축구조물의 경우, 유니슨 기술연구소 사옥에 LRB(Lead Rubber Bearing) 면진장치를 자체 개발하여 적용하였고, 서울 서초동의 트라움하우스(Traum Haus)에도 볼베어링과 LRB를 함께 사용한 면진장치가 주거용으로 적용되었다.[49] 교량의 경우에는 부산의 광안대교를 비롯해 최근에 건설되는 교량에는 대부분 면진장치(지진격리장치)가 설치되는 것으로 알려져 있다. 일본에는 오래전부터 적용되어 왔으나 1995년 고베지진 이후 면진장치가 특히 많이 채택되었으며, 미국에서도 지진이 많이 발생하는 서부지역에 많이 적용되고 있다.

(3) 제진구조의 분류[50]

제진구조의 분류방법은 다음과 같이 세 가지로 분류할 수 있다.

- 동역학의 기본원리에 의한 분류
- 응답의 제어에 외부에너지 필요 여부에 의한 분류
- 제진구조장치의 설치 위치에 의한 분류

본 교재에서는 응답의 제어에 외부에너지를 필요로 하는지의 여부에 의한 분류로 구분한다.

49) 이석, 민경원, "구조물의 내진보강을 위한 마찰감쇠기", 리모델링, 2006. 5, p.6.
50) 日本建築學會 關東支部 構造部會, シンポジウム 制振構造の現狀-高層建物の制振-, 1989. p.4.

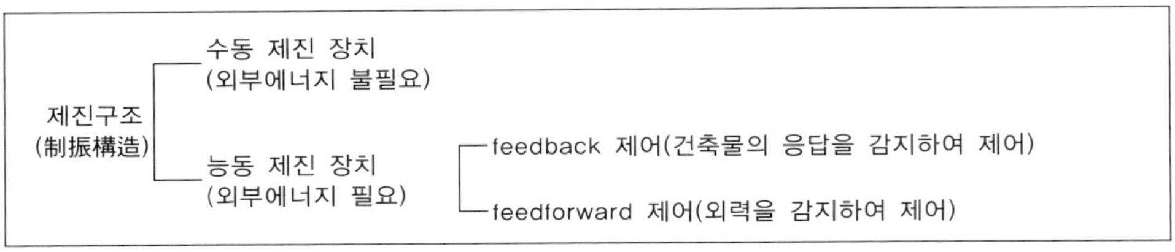

그림 18.3 제진구조의 분류

18.3 제진구조 장치[51)]

그림 18.3의 제진구조 분류에 따라 수동 제진 장치와 능동 제진 장치로 구분해서 설명한다.

(1) 수동 제진 장치(Passive Vibration Control Device)

외부의 에너지를 이용하지 않고 아래에 열거한 여러 가지 에너지 소산 장치를 구조물에 부가적으로 설치하여 구조물의 진동을 억제하는 장치이다. 동조 질량형과 에너지 소산형 장치로 구분할 수 있으며, 동조 질량형은 건물의 최상층에 설치되어 주로 바람에 대한 사용성을 높이는 데 사용되며, 에너지 소산형 장치는 각 층에 설치되어 지진에 대한 안정성 및 바람에 대한 사용성을 높이기 위해 적용된다. 다른 에너지원이 필요하지 않기 때문에 일본과 미국에서는 많이 적용되고 있다.

- 동조 질량 감쇠기(Tuned Mass Damper)
  부가 질량체 방식이 고층구조물의 제진에 실현된 장치로는 가장 대표적인 것이며 동조 질량 감쇠기(TMD)는 기계공학의 진동 흡진기(Vibration Absorber) 원리를 응용한 것으로 건물에 추가의 질량을 설치하는 것에 의해 진동을 억제하는 장치이다.
- 동조 액체 감쇠기(Tuned Liquid Damper)
  동조 액체 감쇠기(TLD)는 용기내 액체의 진동을 이용한 것으로 기본적으로는 물 등의 액체를 담은 용기를 주 구조체 위에 올려놓은 것뿐이다. 구조체로 전달되는 입력에너지를 용기안 액체의 요동에너지로 흡입하고, 이것을 액체의 마찰, 액체 또는 용기안 벽체와의 충돌에 의해 최종적으로 열로 소산되는 방법으로 제진한다.

---

51) 日本建築學會 關東支部 構造部會, シンポジウム 制振構造の現狀-高層建物の制振-, 1989. 참조함.

- 점성감쇠기, 점탄성 감쇠기, 항복형 감쇠기

  점성감쇠를 가지는 감쇠기와 완전 탄소성형태의 이력감쇠기를 이용하여 외부에너지를 흡수하는 장치이다. 점성감쇠기 및 점탄성감쇠기는 점성감쇠에 의해 에너지를 흡수하는 장치이며, 강재댐퍼는 강재의 소성화에 따른 이력 흡수에너지를 이용하는 장치이다. 마찰댐퍼는 마찰을 이용하여 건물에 입력된 지진에너지를 열에너지로 변환하여 진동을 억제하는 감쇠장치이다.

(2) 능동 제진 장치(Active Vibration Control Device)

외부에너지를 이용하여 제진장치를 작동시키는 것으로서, 구조물에 설치한 센서에서 구조물의 응답을 먼저 감지한 후, 적절한 제어력(Control Force)을 산정해서 제어하는 Feedback 제어 방법과 외력을 먼저 센서로 감지하여 제어력을 발휘하는 Feedforward 제어 방법으로 구분된다. 이 장치는 외부의 에너지원도 필요하지만 센서와 컴퓨터 등을 비롯한 정밀장비 등이 필요하기 때문에 일부 적용된 구조물도 있으나 현재는 널리 적용되고 있지 않는 상황이다.

- 능동 동조 질량 감쇠기(Active Tuned Mass Damper)

  에너지를 이용하여 질량 감쇠기를 작동시켜 제진성능을 발휘한다. 이 장치들은 지진시의 응답저감으로 최적은 아니며, 강풍시의 응답저감을 목적으로 하는 것이 많다.

(3) 혼합형 제진 시스템(Hybrid Mass System)

제진구조의 여러 형태로 수동형 이후 능동형 제어에 대한 연구가 이루어지고 있으나 근래에 들어 효율성, 경제성 등의 이유로 인해 지진(중간, 약한)이나 강풍에 의한 건물의 진동제어에 효과적이라고 알려진 혼합형 제진구조에 관한 연구가 활발해지고 있다. 혼합형 제진시스템을 HMS(Hybrid Mass System)라고 부른다.

- HMD(Hybrid Mass Damper)

  구조물의 운동을 조절하기 위해 수동시스템에 액추에이터(Actuator)[52]를 장착하여 혼합형의 복합적 성능을 나타낸다.

---

52) 전기, 유압(Hydraulic), 공압(Pneumatic) 등의 힘을 전후, 회전 등의 힘으로 바꾸는 기계를 통칭.

18.4 제진건물의 사례

앞에서 설명한 여러 가지 제진 장치를 이용해 실제 건물에 적용한 예를 살펴본다. 제진구조장치가 실제로 적용된 사례가 여러 나라에 많이 있으나 본 교재에서는 국내와 일본에 적용된 건물들을 대상으로 설치된 장치와 건물의 간단한 특징을 언급한다.

(1) 동조 질량 감쇠기(Tuned Mass Damper)

- 양양공항 관제탑
  - 소재지 : 한국 양양
  - 제진 장치 : TMD

사진 18.1 양양공항 관제탑(TMD 상부질량)
이승행, 건설기술정보, 제31호, 한진중공업, 2001, p.111 인용

사진 18.2 양양공항 관제탑(TMD 설치완료)
이승행, 건설기술정보, 제31호, 한진중공업, 2001, p.112 인용

- 센텀파크 주상복합 아파트
  - 소재지 : 한국 부산 해운대 센텀시티
  - 제진 장치 : TMD(100ton)

사진 18.3 센텀파크 아파트(TMD)
사진 : http://www.poscoenc.com 인용

- MHS 본사 빌딩
  - 소재지 : 일본 도쿄
  - 제진 장치 : TMD - 진자식(2대)

사진 18.4 MHS 본사 빌딩 (출입구면)

사진 18.5 MHS 본사 빌딩 (측면)

(2) 동조 액체 감쇠기(Tuned Liquid Damper)

- 해운대 우동 하이페리온
  - 소재지 : 한국 부산 해운대
  - 제진 장치 : TLD

사진 18.6 우동 하이페리온(TLD)
사진 : http://www.hyperion21.co.kr 인용

- Yokohama Marine Tower

－소재지 : 일본 요코하마

－특징 : 세계에서 가장 높은 등대, 등대의 골조는 철골 래티스 구조.

－제진 장치 : TLD - 얕은 수조(180대)

사진 18.7 Marine Tower 1

사진 18.8 Marine Tower 2

(3) **점성 감쇠기**(Viscous Damper), **점탄성 감쇠기**(Viscoelastic Damper)

- 갤러리아 팰리스

－소재지 : 한국 서울 송파구(46층)

－특징 : 국내 최초의 점탄성감쇠기 적용한 건물

－제진 장치 : 점탄성감쇠기

사진 18.9 갤러리아 팰리스(VED)
사진 : 김진구, 대한건축학회지 건축, 2004.8 p.87 인용

- NTT 東日本 本社 빌딩

–소재지 : 일본 도쿄 신주쿠

–제진 장치 : 점성제진벽(벽체)

사진 18.10 NTT 동일본 빌딩 1

사진 18.11 NTT 동일본 빌딩 2

사진 18.12 NTT 동일본 빌딩 3

- Yokohama MM Tower

–소재지 : 일본 요코하마

–제진장치 : 점성제진벽(벽체)

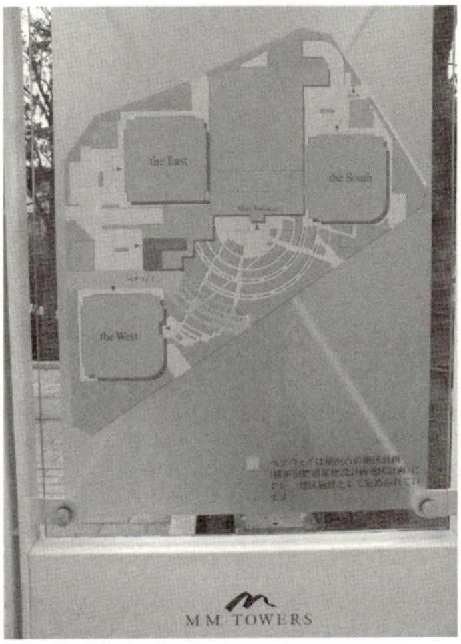

사진 18.13 MM Tower
(배치도)

사진 18.14 MM Tower
(Landmark Tower에서)

사진 18.15 MM Tower 1

사진 18.16 MM Tower 2

(4) 능동 질량 감쇠기(Active Mass Damper)

- 京橋센터빌딩(구 京橋成和빌딩)

－소재지 : 일본 도쿄

－특징 : 세계 최초 AMD적용 건물, 건물 가로· 세로비 9.5로 세장(細長)한 건물

－제진 장치 : AMD(2대, 4ton, 1ton)

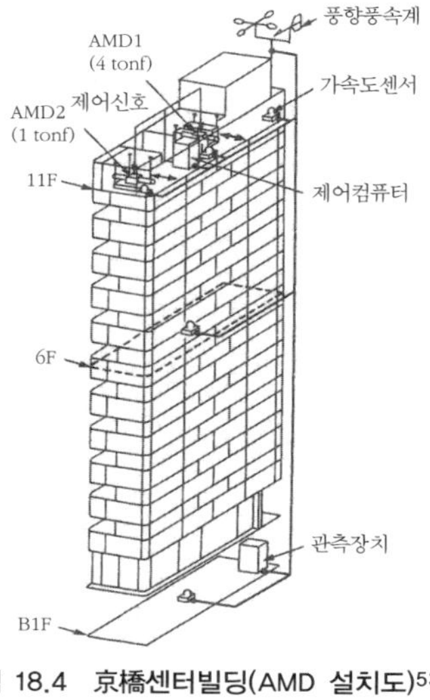

그림 18.4 京橋센터빌딩(AMD 설치도)[53]

사진 18.17 京橋센터빌딩(북서측면)

53) 小堀鐸二, 制震構造-理論と實際, 鹿島出版會, 1993. p.123 인용.

사진 18.18 京橋센터빌딩(북측면)

사진 18.19 京橋센터빌딩(남서측면)

(5) 혼합형 제진 시스템(Hybrid Mass System)

- 인천국제공항 관제탑

－소재지 : 한국 인천 영종도

－제진 장치 : 2방향 HMD

사진 18.20 인천국제공항 관제탑(HMD)
사진 : 김진구, 대한건축학회지 건축, 2004.8 p.88 인용

- Yokohama Landmark Tower

－소재지 : 일본 요코하마 미나도미라이

－특징 : 70층 최상층에 설치.

－제진 장치 : HMD - 다단 진자식(2대)

사진 18.21 Landmark Tower 1

사진 18.22 Landmark Tower 2

- Shinjuku Park Tower

－소재지 : 일본 동경 신주쿠

－특징 : 39층에 설치

－제진 장치 : HMD-V자 롤러(3대)

사진 18.23 Park Tower 1(동경도청사에서)

사진 18.24 Park Tower 2
(동경도청사에서)

사진 18.25 Park Tower 3

사진 18.26 Park Tower 4
(NTT 동일본 빌딩에서)

18.5 실험학습

18.5.1 실험학습-1 : 간이 지진실험

(1) 실험 목적

간이 진동대를 이용한 지진모사 및 구조물 거동 이해

(2) 실험 개요

코일용수철, 원형 바 및 나무판을 이용하여 간이 진동대를 제작하고 그 위에 구조물 모형을 설치하여 지진을 모사하면서, 구조물의 형태에 따른 거동의 차이를 관찰한다. 또한 구조물과 진동대 사이에 고무를 삽입한 후 동일 실험을 실시하고 구조물에 부가질량을 설치하여 동일 실험을 실시하면서 구조물의 거동을 비교 관찰한다.

(3) 실험준비물

- 나무 진동대 : 100cm×100cm(두께 : 5cm)
- 코일용수철 : 스프링상수별 4개씩
- 원형 바 : 지름 1cm, 길이 80cm, 2개
- 각목 : 구조물 모형 제작용
- 나무판 : 부가질량용

• 고무, 못, 망치, 강력접착제

(4) 실험방법

① 벽과 중량물(책상 등) 사이에 나무 진동대를 설치하고 진동대 하부에 원형 바를 적절히 배치하여 진동대가 한 방향으로 원활히 이동할 수 있도록 한다.

② 코일용수철을 2개씩 진동대 양쪽에 고정하고, 코일용수철의 한쪽 끝을 벽과 중량물에 각각 고정한다. 이때 코일용수철의 초기상태가 용수철의 중간 위치가 되도록 위치를 조정한다.

③ 동일한 단면의 각목을 이용하여 1층, 5층 및 10층 건물모형을 제작한다. 이때 모형별로 사용되는 각목의 중량을 유사하게 한다. 건물모형은 라멘구조로 하며 기둥과 보의 접합은 강력접착제 또는 못을 이용하고 슬래브와 벽체는 생략한다.

④ 진동대 위에 1층 건물모형을 강력접착제 또는 못을 이용하여 고정한 후, 진동대를 코일용수철 길이방향으로 일정한 초기변위를 가한 후 놓아 진동시킨다.

⑤ 1층 건물모형을 제거한 후 5층 및 10층 건물모형에 대하여 동일한 실험을 실시하고 각 모형별 거동을 비교 관찰한다. 이때 진동대의 초기 변위를 동일하게 한다.

⑥ 진동대와 건물모형의 최하층 기둥 사이에 얇은 고무판을 삽입한 후 위 ④~⑤의 과정을 수행하여 거동을 관찰하고 고무판 유무에 따른 차이를 비교한다. 이때 고무판과 진동대 및 기둥은 강력접착제를 이용하여 고정시킨다.

⑦ 고무판을 제거한 후, 각 건물모형 최상층에 부가질량을 설치하고 위 ④~⑤의 과정을 수행하여 거동을 관찰하고 부가질량 유무에 따른 차이를 비교한다. 이때 부가질량은 강력접착제 또는 목으로 모형에 고정하고, 부가질량의 비율을 각 모형별로 유사하게 한다.

⑧ 스프링상수가 다른 코일용수철로 교환하여 위 ③~⑦의 과정을 수행한다.

PART 7

구조역학 실험 콘테스트

19_ 구조역학의 쉬운 이해를 위한 모형학습

19.1 가장 높은 구조물 만들기

(1) 실험목적

힘의 흐름과 구조시스템의 기능에 대하여 이해함.

(2) 실험개요

신문지를 말거나, 접거나, 겹치는 등 다양하게 응용하여 가장 높은 구조물을 만든다. 신문지를 길게 말아서 하나의 봉으로 만들어 세우면 살짝만 기울어도 옆으로 부러지거나 넘어지므로 주변 보강을 해주어야 한다. 보강계획에 따라서 그 높이가 달라진다. 수직방향으로 충분한 강성을 가져야 하며, 수평방향으로도 강성을 가질 수 있는 구조시스템을 생각해야 한다.

사진 19.1 사각뿔형 초고층건물

(3) 제한 조건

- 스스로 자립해야 함.
- 횡력과 좌굴에 대해 안정(Stable)해야 함.

(4) 실험 참여에 필요한 요소기술

- 압축재의 좌굴
- 좌굴 방지를 위한 보강기술
- 전도
- 힘의 흐름

(5) 사용재료

- 신문지 10장
- 물풀 또는 딱풀

(6) 보조도구

- 칼, 커팅자 등

(7) 작업제한시간 : 1시간

(8) 조편성 : 3인 1조

(9) 작업장소 : 넓은 강의실 또는 강당에서 즉석 작업하고 평가 완료

(10) 전시발표용 패널과 실험학습보고서의 구성

- 프로젝트 개요 : 프로젝트 이름, 학습기간, 학습참가자 등
- 실험학습의 내용 및 제한 조건 : 제시된 실험 주제와 제한 조건 등
- 구조시스템 계획 : 신문지 10장을 이용하여 가장 높은 구조물을 만들기 위해 각 조에서 구상한 구조시스템의 개요 설명
- 구조시스템에 관련한 구조 요소기술 요약
- 예비실험 과정에서 실험에 실패한 경우에 대한 자체 분석
- 예비실험 과정에 관한 사진 또는 기타 자료
- 기타 특기 사항

(11) 평가기준

- 자립한 상태에서 가장 높아야 함.
- 횡력을 가하여 전도되거나 부러지지 않아야 하며, 좌굴현상이 없어야 함.
- 설정한 구조시스템과 요소기술에 대한 패널 발표가 명확해야 함.

19.2 장경간 구조물 만들기

19.2-1 장경간 구조물 만들기-1

(1) 실험목적

힘의 흐름과 구조시스템의 기능에 대하여 이해함.

(2) 실험개요

신문지를 말거나, 접거나, 겹치는 등 다양하게 응용하여 경간이[54] 가장 긴 구조물을 만든다. 자중에 대해서 자립해야 한다.

조별로 부재의 형상과 구조시스템이 다르게 나올 수 있는데, 그렇게 만든 이유에 대하여 기술적 근거를 제시하고 패널과 보고서로 발표한다.

사진 19.2 세계에서 가장 경간이 긴 교량 : Akashi Kaikyo, 일본(경간 1991m, 준공년도 1998년)

(3) 제한조건

- 양단 단순지지 조건으로 하며 중앙부 최대 처짐은 L/180 이하가 되어야 한다.
- 자중 및 약간의 횡력에 대해서도 스스로 자립해야 한다.

(4) 실험 참여에 필요한 요소기술

- 휨재의 처짐
- 트러스구조의 종류와 특징
- 횡좌굴이나 압축좌굴 방지를 위한 보강

54) 기둥과 기둥 사이를 경간이라 한다. 예전에 건축 분야 도서에는 스팬(Span)으로 주로 기술되었다.

- 휨모멘트, 휨응력, 단면2차모멘트
- 지지단에서의 집중하중점 보강

(5) **사용재료**

- 신문지 20장
- 물풀 또는 딱풀

(6) **보조도구**

- 칼, 커팅자 등

(7) **작업제한시간** : 1시간

(8) **조편성** : 3인 1조

(9) **작업장소** : 넓은 강의실 또는 강당에서 즉석 작업하고 평가 완료

(10) **전시발표용 패널의 구성**

- 프로젝트 개요 : 프로젝트 이름, 학습기간, 학습참가자 등
- 실험학습의 내용 및 제한 조건 : 제시된 실험 주제와 제한조건 등
- 구조시스템 계획 : 신문지 10장을 이용하여 경간이 가장 긴 구조물을 만들기 위해 각 조에서 구상한 구조시스템의 개요 설명
- 구조시스템에 관련한 구조 요소기술 요약
- 예비실험 과정에 관한 사진 또는 기타 자료
- 기타 특기 사항

(11) **평가기준**

- 자립한 상태에서 경간이 가장 길어야 함.
- 중앙부 최대처짐이 L/180 이하이어야 하고 처짐량이 적을수록 우수함.
- 약간의 횡력을 가하여 전도되거나 부러지지 않아야 하며 좌굴 현상이 없어야 함.
- 설정한 구조시스템에 대한 개요와 요소기술에 대한 패널 발표가 명확해야 함.

19.2-2 장경간 구조물 만들기-2

(1) 실험목적

힘의 흐름과 구조시스템의 기능에 대하여 이해함.

(2) 실험개요

딱딱한 스파게티면 100g과 아크릴 접착제를 사용하여 주어진 재료의 범위에서 경간이 가장 긴 구조물을 만든다. 자중에 대해 자립하게 하며 최대경간(L)에 대한 중앙부 최대처짐(δ)은 $L/180$ 이하로 제한한다.

각 조에서 설정한 구조시스템에 대하여 그 이유를 설명할 수 있어야 하고, 패널과 보고서로 발표한다.

(3) 제한조건

- 양단 단순지지 조건으로 하며 중앙부 최대처짐은 $L/180$ 이하가 되어야 한다.
- 자중 및 약간의 횡력에 대해서도 스스로 자립해야 한다.

(4) 실험 참여에 필요한 요소기술

- 여러 가지 트러스의 형상과 구조적인 특징
- 트러스의 면내좌굴, 면외좌굴, 압축재의 좌굴
- 횡좌굴이나 압축좌굴 방지를 위한 보강
- 휨모멘트, 휨응력, 단면2차모멘트
- 지지단에서의 집중하중점 보강
- 휨재의 처짐

(5) 사용재료

- 스파게티면 100g(면의 굵기에 제한 없음)
- 경화속도가 빠른 아크릴 접착제

(6) 보조도구

- 칼, 커팅자, 핀셋 등

(7) 작업제한시간 : 없음. 조별로 만들어서 지정된 날짜에 일괄 평가.

보관이나 운반과정에서 파손된 것은 30% 감점. 작업과정에 관한 동영상과 사진, 기타의 자료를 제출하는 경우는 이를 참조하여 70% 평점 내에서 평가함.

(8) **조편성** : 3인 1조

(9) **작업장소** : 개인 공간 또는 학교의 모형학습실 등에서 작업

(10) **전시발표용 패널의 구성**

- 프로젝트 개요 : 프로젝트 이름, 학습기간, 학습참가자 등
- 실험학습의 내용 및 제한 조건 : 제시된 실험 주제와 제한조건 등
- 구조시스템 계획 : 스파게티면 100g을 이용하여 경간이 가장 긴 구조물을 만들기 위해 각 조에서 구상한 구조시스템의 개요 설명.
- 구조시스템에 관련한 구조 요소기술 요약
- 예비실험 과정에 관한 사진 또는 기타 자료
- 기타 특기 사항

(11) **평가기준**

- 자립한 상태에서 경간이 가장 길어야 함.
- 중앙부 최대처짐이 $L/180$ 이하이어야 하고 처짐량이 적을수록 우수함.
- 약간의 횡력을 가하여 전도되거나 부러지지 않아야 함.
- 설정한 구조시스템에 대한 개요와 요소기술에 대한 패널 발표가 명확해야 함.

표 19.1 세계에서 가장 긴 케이블 교량

순위	교량 이름	경간[m]	위 치	국 명	준공년도
1	Akashi-Kaikyo	1991	Kobe-Naruto	Japan	1998
2	Xihoumen	1650	Zhoushan Island	China	2008
3	Great Belt East	1624	Korsor	Denmark	1998
4	Runyang South	1490	Zhenjiang	China	2005
5	Humber	1410	Kingston-upon-Hull	UK	1981
6	Jiangyin	1385	Jiangsu	China	1999
7	Tsing Ma	1377	Hong Kong	China	1997
8	Verrazano-Narrows	1298	New York, NY	USA	1964
9	Golden Gate	1280	San Francisco, CA	USA	1937
10	Yangluo	1280	Wuhan	China	2007
11	Höga Kusten	1210	Kramfors	Sweden	1997

표 19.1 세계에서 가장 긴 케이블 교량(계속)

순위	교량 이름	경간[m]	위 치	국 명	준공년도
12	Mackinac	1158	Mackinaw City, MI	USA	1957
13	Huangpu	1108	Guangzhou	China	2008
14	Minami Bisan-seto	1100	Kojima-Sakaide	Japan	1988
15	Fatih Sultan Mehmet	1090	Istanbul	Turkey	1988
16	Balinghe	1088	Guanling	China	2010
17	Bosporus	1074	Istanbul	Turkey	1973
18	George Washington	1067	New York, NY	USA	1931
19	Kurushima-3	1030	Onomichi-Imabari	Japan	1999
20	Kurushima-2	1020	Onomichi-Imabari	Japan	1999
21	Ponte 25 de Abril	1013	Lisbon	Portugal	1966
22	Forth Road	1006	Edinburgh	UK	1964

19.3 종이기둥의 하중실험

(1) 실험목적

기둥과 판재의 압축좌굴에 대한 이해

(2) 실험개요

4절지 켄트지 한 장을 접거나 말거나, 잘라서 다시 붙이는 등 여러 가지 방법으로 가공하고, 그 위에 하중판을 얹어서 가장 많은 하중판을 얹을 수 있는 작품을 선발하고, 그 작품에 적용된 구조시스템을 이해한다.

각 조에서 설정한 구조시스템의 개요에 대하여 서로 발표하고 토론한다.

(3) 제한조건

- 켄트지 1장과 풀만 사용할 수 있음.
- 압축재의 높이는 40cm 이상

(4) 실험 참여에 필요한 요소기술

- 압축재의 좌굴, 판재의 좌굴
- 단면2차모멘트, 단면2차반경
- 판좌굴이나 압축좌굴 방지를 위한 보강
- 지지단이나 하중판 근처에서의 국부좌굴 방지를 위한 보강

(5) **사용재료**

- 4절지 켄트지 1장
- 종이용 풀

(6) **보조도구**

- 칼, 커팅자 등
- 저울
- 하중판(책을 사용하고, 파괴 전까지 쌓은 도서량을 저울로 계량함)

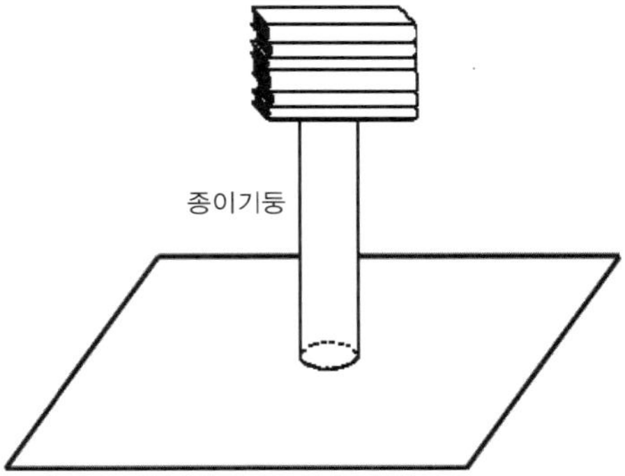

그림 19.1 종이기둥 하중 실험

(7) **작업제한시간** : 1시간

(8) **조편성** : 3인 1조

(9) **작업장소** : 넓은 강의실 또는 강당에서 즉석 작업하고 평가 완료

(10) **전시발표용 패널의 구성**

- 프로젝트 개요 : 프로젝트 이름, 학습기간, 학습참가자 등
- 실험학습의 내용 및 제한 조건 : 제시된 실험 주제와 제한조건 등
- 구조시스템 계획 : 4절지 켄트지 1장을 이용하여 만든 압축재에 사용된 구조시스템의 개요 설명
- 구조시스템에 관련한 구조 요소기술 요약
- 예비실험 과정에 관한 사진 또는 기타 자료
- 기타 특기 사항

(11) **평가기준**

- 압축재의 높이는 40cm 이상이 되어야 함.
- 파괴 직전까지 쌓은 하중판의 양으로 평가함.
- 하중판을 잘못 쌓아서 편심으로 인해 압축재가 전도한 것도 파괴로 간주함.
- 설정한 구조시스템에 대한 개요와 요소기술에 대한 패널 발표가 명확해야 함.

19.4 튼튼한 트러스보 만들기

(1) **실험목적**

작은 물량으로 최대의 성능을 발휘하는 트러스시스템을 이해함.

(2) 실험개요

딱딱한 스파게티 면을 트러스의 단위부재로 가정하고, 이를 적당히 자르거나 접합하여 튼튼한 트러스보를 만들어서 지지할 수 있는 하중의 최대량을 구한다. 하중은 2점 집중하중으로 트러스의 하부에 매다는 형태로서 가력한다. 아크릴 접착제가 충분히 경화할 수 있는 시간이 있어야 한다.

각 조별로 큰 힘을 받을 것으로 구상한 트러스 구조시스템의 개요, 특징과 내력에 대하여 발표하고 토론한다.

표 19.2 세계에서 가장 긴 트러스교 순위

순위	교량 이름	경간[m]	위 치	국 명	준공년도
1	Pont de Quebec	549	Quebec City	Canada	1917
2	Firth of Forth	521	Edinburgh	UK	1890
3	Minato	510	Osaka	Japan	1974
4	Commodore Barry	501	Chester, PA	USA	1974
5	Greater New Orleans-1	480	New Orleans, LA	USA	1958
6	Greater New Orleans-2	480	New Orleans, LA	USA	1988
7	Howrah	457	Calcutta	India	1943
8	Veterans Memorial	445	Gramercy, LA	USA	1995
9	Transbay	427	San Francisco, CA	USA	1936
10	Ikitsuki	400	Nagasaki	Japan	1991

(3) 제한조건

- 트러스보의 지점간 거리 50cm 이상
- 2점 집중하중을 가할 수 있도록 트러스 경간의 3등분점에 절점이 있어야 함.
  3등분점에 절점이 없는 경우에도, 가력 조건의 일관화를 위하여 3등분 위치에서 가력할 예정이므로 이에 대한 보강이 필요함.
- 입체트러스, 교량형 트러스, 평면트러스 모두 가능함.
  단, 트러스에 면내 또는 면외 좌굴이 일어나면 파괴된 것으로 간주함.
- 스파게티면은 짧게 자르거나, 서로 접합할 수 있음.

(4) 실험 참여에 필요한 요소기술

- 트러스 시스템의 종류와 특징. 구조적 장단점
- 압축재의 좌굴과 보강

- 트러스의 면내좌굴과 면외좌굴
- 지지단이나 하중점 근처에서의 국부적인 응력집중에 대한 보강기술

(5) **사용재료**

- 스파게티면 100g(면의 굵기에 제한 없음)
- 경화속도가 빠른 아크릴 접착제

(6) **보조도구**

- 칼, 커팅자, 핀셋 등
- 하중판

(7) **작업제한시간** : 없음. 조별로 만들어서 지정된 날짜에 일괄 평가.

보관이나 운반과정에서 파손된 것은 30% 감점. 작업과정에 관한 동영상과 사진, 기타의 자료가 있는 경우에 이를 참조하여 70% 평점 내에서 평가함.

(8) **조편성** : 3인 1조

(9) **작업장소** : 개인 공간 또는 학교의 모형학습실 등에서 작업

(10) **전시발표용 패널의 구성**

- 프로젝트 개요 : 프로젝트 이름, 학습기간, 학습참가자 등
- 실험학습의 내용 및 제한 조건 : 제시된 실험 주제와 제한조건 등
- 구조시스템 계획 : 스파게티면 100g으로 만든 트러스보의 구조시스템 개요 설명.
- 구조시스템에 관련한 구조 요소기술 요약
- 예비실험 과정에 관한 사진 또는 기타 자료
- 기타 특기 사항

(11) **평가기준**

- 트러스보의 경간은 50cm 이상이 되어야 함.
- 파괴 직전까지 쌓은 하중판의 양으로 평가함.
- 트러스에 면내 또는 면외좌굴이 발생하여도 파괴된 것으로 간주함.
- 설정한 구조시스템에 대한 개요와 요소기술에 대한 패널 발표가 명확해야 함.

사진 19.3 세계에서 가장 킨 트러스교 : Quebec Bridge,[55] 캐나다(경간 549m, 준공년도 1917년)

19.5 튼튼한 보 만들기

(1) 실험목적

단순보의 휨모멘트에 가장 적합한 형상의 보를 만들고, 응력에 순응하는 부재의 형상을 이해한다.

(2) 실험개요

5mm 우드락 1장을 접거나 잘라서 조립하여 단순보를 만든다. 1점 집중하중을 받는 단순보와 2점 집중하중을 받는 단순보 2가지 경우에 대하여 하중으로 인한 휨모멘트를 고려하여 부재의 형상을 계획한다.

---

55) 당시의 최신 구조설계 기술로 강재 물량을 최소화하여 1902년에 착공하였다. 1907년에는 시공 중 이던 구조물이 붕괴되는 대형 참사가 있었다. 구조물을 K형 트러스로 다시 설계하였고 강철 물량은 기존의 설계보다 2.5배 증가되었다. 2차 시공 중에 1916년에도 달대구조물 추락에 의한 대형 참사가 있었으며 부재의 품질불량을 개선하여 드디어 1917년 9월에 준공되었다.

보 부재에 힘이 작용하면 주로 2가지 외력에 저항할 수 있는 내력을 가져야 한다. 하나는 휨모멘트이고 다른 하나는 전단력이다. 휨모멘트가 가장 큰 곳에서는 휨내력이 크게 설계되어야 하고, 전단력이 큰 곳에서는 전단내력이 크게 설계되어야 휨파괴 또는 전단파괴가 일어나지 않는다. 그리고 하중의 작용점이나 지점반력이 있는 곳에서는 집중하중으로 인한 국부좌굴이 발생할 수 있으므로 이에 대한 보강도 필요하다.

각 조별로 구상한 단순보의 구조시스템에 대한 개요, 특징과 내력에 대하여 발표하고 토론한다.

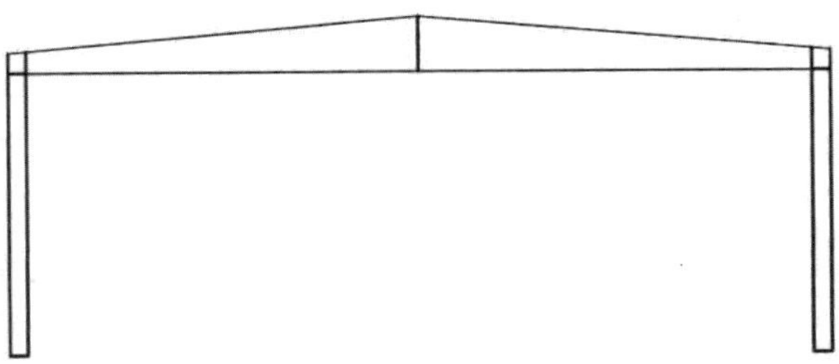

그림 19.2 휨모멘트 순응형 변단면보

(3) 제한조건

- 단순보의 지점간 거리 50cm 이상
- 1점 집중하중과 2점 집중하중 2가지 경우를 대상으로 함.
- 지지단 또는 하중의 작용점에서 국부좌굴이 일어나면 파괴된 것으로 간주함.

(4) 실험에 필요한 요소기술

- 단순보의 반력, 휨모멘트, 전단력 구하기
- 단순보의 단면2차모멘트, 휨응력, 전단응력
- 판좌굴 개념, 판좌굴의 보강
- 지지단이나 하중점 근처에서의 집중하중점 좌굴과 이에 대한 보강

(5) 사용재료

- 2절 캔트지 1장
- 목공본드 또는 아크릴 접착제

(6) 보조도구

- 칼, 커팅자 등

(7) 작업제한시간 : 없음. 조별로 만들어서 지정된 날짜에 일괄 평가.

보관이나 운반과정에서 파손된 것은 30% 감점. 작업과정에 관한 동영상과 사진, 기타의 자료가 있는 경우에 이를 참조하여 70% 평점 내에서 평가함.

(8) 조편성 : 3인 1조

(9) 작업장소 : 개인 공간 또는 학교의 모형학습실 등에서 작업

(10) 전시발표용 패널의 구성

- 프로젝트 개요 : 프로젝트 이름, 학습기간, 학습참가자 등
- 실험학습의 내용 및 제한 조건 : 제시된 실험 주제와 제한조건 등
- 구조시스템 계획 : 우드락 1장으로 만든 단순보의 구조시스템 개요 설명.
- 구조시스템에 관련한 구조 요소기술 요약
- 예비실험 과정에 관한 사진 또는 기타 자료
- 기타 특기 사항

(11) 평가기준

- 단순보의 경간은 50cm 이상이 되어야 함.
- 파괴 직전까지 쌓은 하중판의 양으로 평가함.
- 단순보의 지지단 또는 하중점에 국부좌굴이 발생하여도 파괴된 것으로 간주함.
- 설정한 구조시스템에 대한 개요와 요소기술에 대한 패널 발표가 명확해야 함.

19.6 튼튼한 문형프레임 만들기

(1) 실험목적

지지단, 절점, 하중조건에 효율적인 형상의 문형프레임을 만들고, 응력에 순응하는 부재의 형상을 이해한다.

(2) 실험개요

문형프레임의 지지단조건, 절점조건, 가력조건이 다른 몇 가지 경우에 대하여 두께 2mm의 우드락으로 H형 단면을 갖는 문형프레임을 만든다. 지지단조건, 절점조건, 가력조건에 따른 휨모멘트도의 변화를 고려하여 부재의 형상이 만들어지도록 한다. 변단면 부재로 만들어도 좋고, 비대칭 H형보 또는 겹판보, 보강판보 등의 다양한 형태의 부재

를 만들어서 구조적으로 가장 효율적인 문형프레임을 만들어 본다.

하중의 작용점이나 지지단 반력이 있는 곳에서는 집중하중으로 인한 국부좌굴이 발생할 수 있으므로 이에 대한 보강도 필요하다.

각 조별로 주어진 문형프레임의 지지단, 절점, 가력조건과 그에 따른 휨모멘트와 전단력을 분석하고, 이에 적합하도록 구성한 문형프레임의 구조시스템에 대하여 개요, 특징과 내력을 발표하고 토론한다.

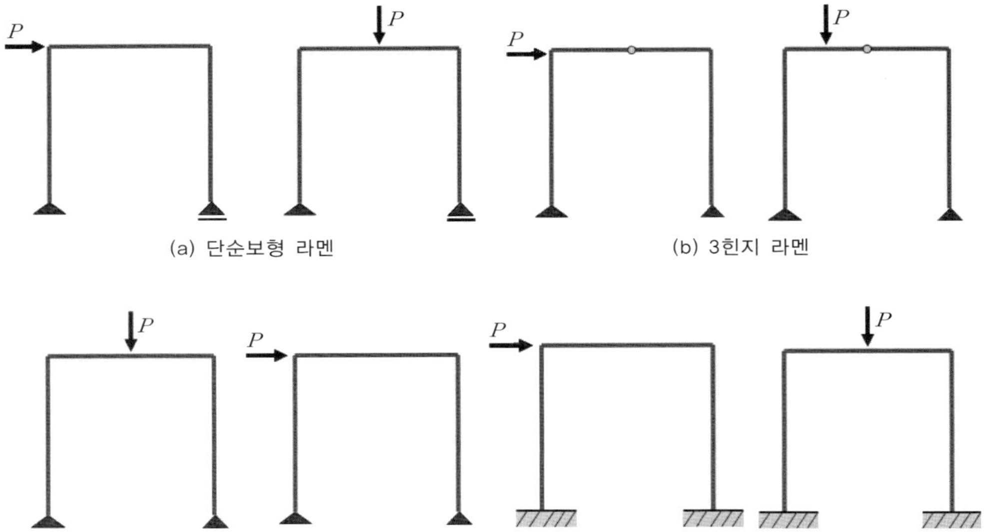

(a) 단순보형 라멘 (b) 3힌지 라멘

(c) 1차 부정정 라멘 (d) 3차 부정정 라멘

그림 19.3 여러 가지 문형프레임

(3) 제한조건

- 문형프레임의 높이는 40cm, 경간은 40cm
- 문형프레임의 단면은 H형
- 변단면 H형, 비대칭 H형, 겹판보 등 다양한 형태의 H형 부재가 가능함.
- 지지단 또는 하중의 작용점에서 국부좌굴이 일어나면 파괴된 것으로 간주함.

(4) 실험에 필요한 요소기술

- 라멘구조의 반력, 휨모멘트, 전단력 구하기
- 부재의 단면2차모멘트, 휨응력, 전단응력
- 판좌굴 개념, 판좌굴의 보강

• 지지단이나 하중점 근처에서의 집중하중점 좌굴과 이에 대한 보강 기술
• PEB(Pre Engineered Beam) 구조

그림 19.4 변단면 구조 프레임

(5) **사용재료**
• 두께 2mm 우드락 1/2장
• 목공용 본드

(6) **보조도구**
• 칼, 커팅자 등

(7) **작업제한시간 :** 없음. 조별로 만들어서 지정된 날짜에 일괄 평가.
보관이나 운반과정에서 파손된 것은 30% 감점. 작업과정에 관한 동영상과 사진, 기타의 자료가 있는 경우에 이를 참조하여 70% 평점 내에서 평가함.

(8) **조편성** : 3인 1조

(9) **작업장소** : 개인 공간 또는 학교의 모형학습실 등에서 작업

(10) **전시발표용 패널의 구성**
• 프로젝트 개요 : 프로젝트 이름, 학습기간, 학습참가자 등
• 실험학습의 내용 및 제한 조건 : 제시된 실험 주제와 제한조건 등
• 구조시스템 계획 : 문형프레임에 적용된 구조시스템 개요 설명
• 구조시스템에 관련한 구조 요소기술 요약
• 예비실험 과정에 관한 사진 또는 기타 자료
• 기타 특기 사항

(11) **평가기준**
• 일반적인 H형 등단면 부재로 설계한 경우의 최대내력을 구하여 놓고, 그 값에 비하여 학생들이 만든 작품의 실험 최대내력을 비교하여 평가한다.

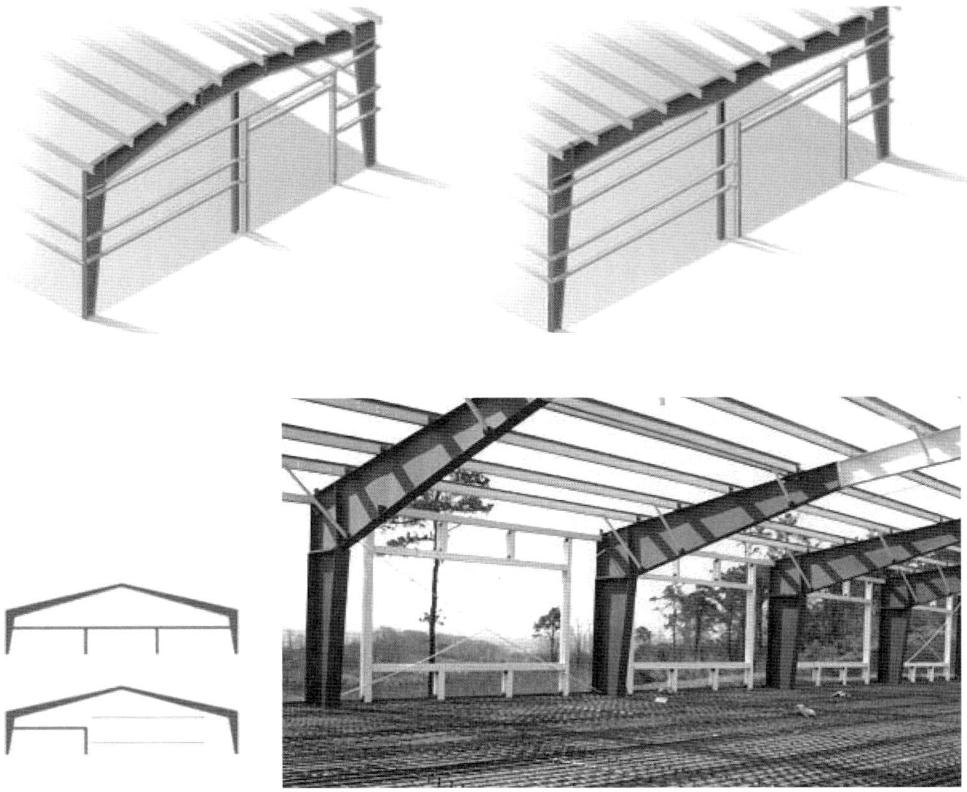

사진 19.4 프레임의 휨모멘트에 순응한 변단면 라멘구조

H형 등단면 부재의 최대내력 계산시 우드락의 재료상수는 임의로 가정하여 상대적인 비교값으로 평가하도록 한다.

- 파괴 직전까지 가력한 하중량으로 평가함.
- 지지단 또는 하중점에 국부좌굴이 발생하여도 파괴된 것으로 간주함.
- 설정한 구조시스템에 대한 개요와 요소기술에 대한 패널 발표가 명확해야 함.

19.7 튼튼한 바닥판 만들기

(1) 실험목적

건물의 구조설계에 관한 기본 개념을 이해함.

(2) 실험개요

우드락 재료를 이용하여 바닥판을 만들고 그 아래에 보와 거더, 기둥을 두어 바닥구조시스템을 만든다. 각 조에서 만든 여러 가지 바닥구조시스템에 대하여 등분포하중 적재 실험을 하여 지지내력이 가장 우수한 바닥구조시스템을 평가한다. 기둥의 배치, 보와 거더의 배치와 바닥구조시스템의 구조계획에 따라서 하중지지 능력이 현저하게 달라지므로 이에 대한 학습이 필요하다.

하중의 작용은 등분포하중이 가능하도록 물을 이용한다. 4변 각각 35cm이고, 측벽은 높이 20cm의 아크릴판으로 보강된 하중장치를 만든다. 바닥은 비닐로 하여 등분포 가력이 원활하게 하고, 구조물이 파괴될 때 물이 쏟아지지 않도록 적절히 조치한다. 하중장치에 물을 넣을수록 하중량이 증가한다. 물을 10cm 채우면 $1kN/m^2$에 해당한다.

바닥판이나 바닥판 하부를 지지하는 구조시스템, 기둥에 대한 각각의 구조설계 개념이 도입되어야 하고, 어느 한 요소라도 파괴되면 실험이 종료된 것으로 한다.

각 조별로 계획한 바닥구조시스템과 구조계획에 대하여 개요, 특징과 내력을 발표하고 토론한다.

(3) 제한조건

- 기둥과 보의 형상과 단면은 자유로움.
- 바닥판 면적 40cm×40cm
- 기둥은 최소 4개 이상이며, 기둥의 경간은 단변과 장변의 차가 30% 이내임.
- 기둥의 높이 15cm 이상
- 바닥판과 전체 구조시스템을 구성하는 구조요소 중 어느 하나라도 좌굴하거나 파괴되면 실험이 종료된 것으로 간주함.

(4) 실험에 필요한 요소기술

- 바닥구조시스템의 여러 가지 유형
- 보와 거더의 배치에 관한 계획. 이에 따른 슬래브 내력 변화
- 기둥의 배치에 관한 계획
- 구조시스템 계획에 따른 바닥판 전체의 내력 변화
- 기둥의 압축좌굴

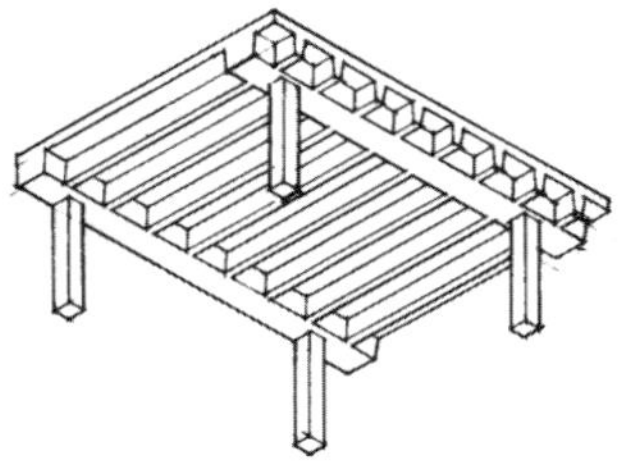

(a) 1방향 슬래브

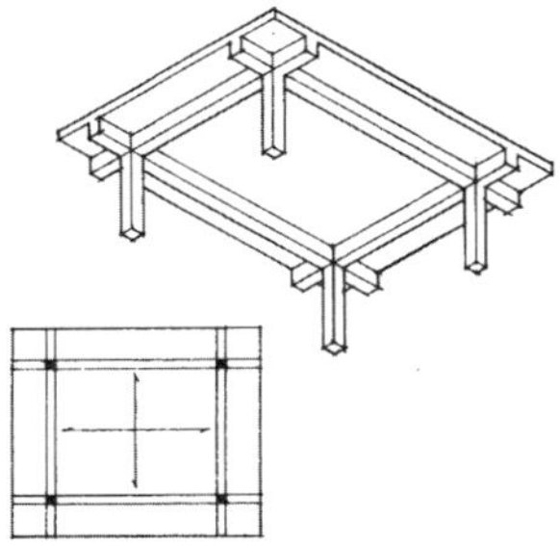

(b) 2방향 슬래브

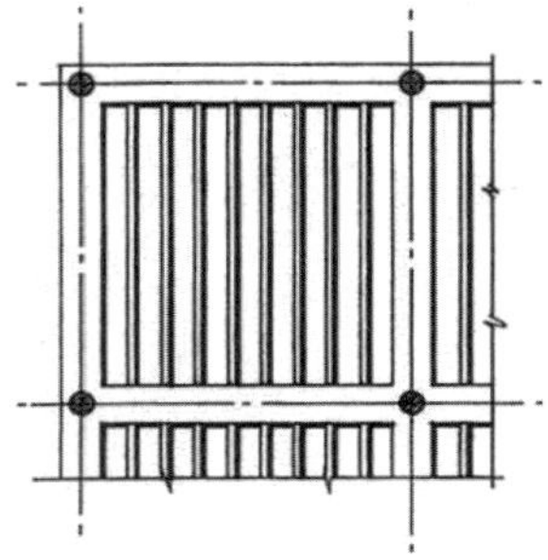

(c) 조이스트슬래브(장선슬래브)

(d) 플랫슬래브와 플랫플레이트

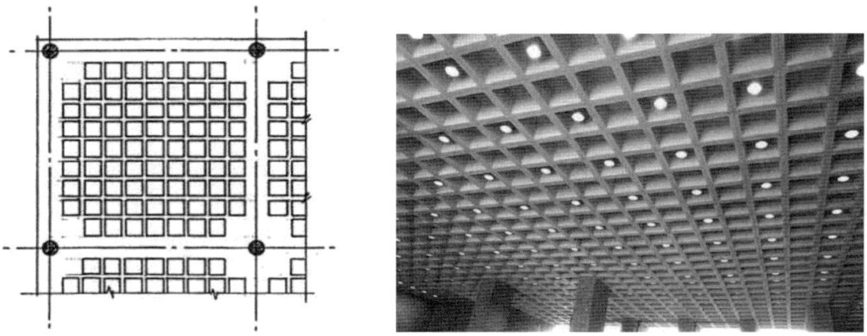

(e) 와플슬래브

그림 19.5 바닥구조시스템의 종류

(5) 사용재료

- 두께 2mm 우드락 1장
- 목공용 본드

(6) 보조도구

- 칼, 커팅자 등

(7) 작업제한시간 : 없음. 조별로 만들어서 지정된 날짜에 일괄 평가.

보관이나 운반과정에서 파손된 것은 30% 감점. 작업과정에 관한 동영상과 사진, 기타의 자료가 있는 경우에 이를 참조하여 70% 평점 내에서 평가함.

(8) 조편성 : 3인 1조

(9) 작업장소 : 개인 공간 또는 학교의 모형학습실 등에서 작업

(10) 전시발표용 패널의 구성

- 프로젝트 개요 : 프로젝트 이름, 학습기간, 학습참가자 등
- 실험학습의 내용 및 제한 조건 : 제시된 실험 주제와 제한조건 등
- 구조시스템 계획 : 바닥구조에 적용된 구조시스템 개요 설명
- 구조시스템에 관련한 요소기술 요약
- 예비실험 과정에 관한 사진 또는 기타 자료
- 기타 특기 사항

(11) 평가기준

- 바닥구조시스템 계획의 합리성 평가
- 파괴내력 산정 과정 평가
- 파괴 직전까지 가력한 하중량 평가
- 설정한 구조시스템에 대한 개요와 요소기술에 대한 패널 발표가 명확해야 함.

19.8 가장 길게 늘어뜨리기

(1) 실험목적

인장재의 설계와 인장응력에 대한 개념, 힘의 흐름을 이해함.

(2) 실험개요

스파게티면을 천장에 매달아 가장 많이 늘어뜨린 조를 선발한다. 면의 굵기나 사용하는 양에는 제한이 없으며, 총사용량 대비 늘어뜨린 길이가 가장 긴 조가 우승한다.

스파게티면을 천장에 늘어뜨리면 면은 인장력을 받게 된다. 스파게티면의 단면이 지지할 수 있는 최대인장응력을 초과하게 되면 늘어뜨린 구조물은 파괴된다.

역삼각형 구조로 하는 것이 가장 효율적인데, 힘의 전달이 균등하고 원활하게 되도록 형상을 만들어가는 것이 관건이다.

실험 전에 각 조별로 자체적인 실험계획을 구상하고, 또는 예비실험을 수행하고 이에 대한 패널과 보고서를 준비하여 실험당일에 발표와 함께 실험하도록 한다.

(3) 제한조건

사용재료 외에는 아무 제한 없음.

(4) 실험에 필요한 요소기술

- 인장응력과 변형
- 접합부의 내력과 응력
- 인장재의 설계
- 힘의 흐름

(5) 사용재료

- 스파게티면(굵기와 양에 제한 없음)
- 경화속도가 빠른 아크릴접착제

(6) 보조도구

- 칼, 커팅자, 핀셋, 드라이어(접착제 경화 촉진) 등

(7) 작업제한시간 : 구조물이 파괴될 때까지(1시간 이내)

(8) 조편성 : 3인 1조

(9) 작업장소 : 넓은 강의실 또는 강당에서 즉석 작업하고 평가 완료

(10) 전시발표용 패널의 구성

- 프로젝트 개요 : 프로젝트 이름, 학습기간, 학습참가자 등
- 실험학습의 내용 및 제한 조건 : 제시된 실험 주제와 제한조건 등
- 구조시스템 계획 : 인장 구조물에 적용된 구조시스템 개요 설명
- 구조시스템에 관련한 요소기술 요약

• 예비실험 과정에 관한 사진 또는 기타 자료
• 기타 특기 사항

(11) **평가기준**

• 인장구조물 구조계획의 합리성을 평가함.
• 파괴 직전까지 늘어뜨린 인장재의 길이와 무게를 계측하여 사용량 대비 늘어뜨린 길이를 평가함.
• 설정한 구조시스템에 대한 개요와 요소기술에 대한 패널 발표가 명확해야 함.

19.9 단순보의 고유진동수

(1) **실험목적**

진동 기본식을 이해하고 활용할 수 있게 함.

(2) **실험개요**

60cm 막대쇠자를 양단 단순지지 조건으로 놓고 자유진동시키면 항상 일정한 진동수로 진동한다. 단순보의 고유진동수는 진동수계산식으로 근사하게 계산할 수 있는데, 이 식을 이용하여 고유진동수를 추정하도록 한다.

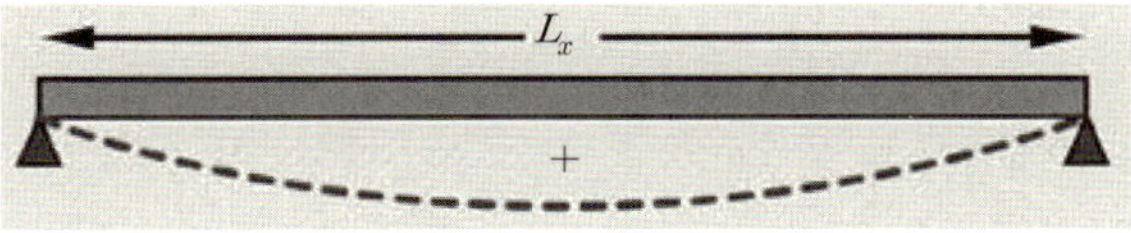

$$f = \frac{9.87}{2\pi L^2}\sqrt{\frac{EI}{m}}$$

이 식에는 탄성계수(E)와 단면2차모멘트(I), 단위길이당 질량(m)이 필요하다. 단면2차모멘트는 쇠자의 단면을 버니어캘리퍼스 또는 마이크로미터로 정확하게 계측하여 계산하면 구할 수 있다. 단위길이당 질량은 쇠자의 전체 질량을 계측하여 이를 길이로 나누어서 구할 수 있다. 탄성계수는 어떻게 할 것인가? 탄성계수는 쇠자의 정적 처짐 실험을 하여 약간의 오차는 있지만 근사한 값으로 찾아낼 수 있다.

쇠자의 정적처짐 실험으로 재료의 탄성계수를 구하고, 그 값을 사용하여 단순지지 조건의 60cm 쇠자에 대한 고유진동수를 계산하여 실제 고유진동수와의 차이를 비교하도록 한다.

실험 전에 각 조별로 자체적인 예비학습과 실험계획을 하고, 또는 예비실험을 수행하고 이에 대한 패널과 보고서를 준비하여 실험 당일에 발표와 함께 실험하도록 한다.

(3) 제한조건

쇠자의 탄성계수는 실험으로 구한 값을 사용함.

(4) 실험에 필요한 요소기술

- 단순보의 처짐식에 대한 이해
- 단자유도계 진동수식에 대한 이해
- 양단 단순지지 보의 진동 특성
- 단면2차모멘트의 계산

(5) 사용재료

- 60cm 막대쇠자

(6) 보조도구

- 버니어캘리퍼스 또는 마이크로미터
- 막대자
- 초시계

(7) 작업제한시간 : 30분

(8) 조편성 : 2인 1조

(9) 작업장소 : 일반강의실에서 1~2시간에 모든 실험과 평가를 할 수 있음.

(10) 전시발표용 패널의 구성

- 프로젝트 개요 : 프로젝트 이름, 학습기간, 학습참가자 등
- 실험학습의 내용 및 제한 조건 : 제시된 실험 주제와 제한조건 등
- 단순보의 처짐에 관한 일반사항 요약
- 단자유도계와 단순보의 진동이론에 대한 일반사항 요약
- 예비실험 과정에 관한 사진 또는 기타 자료
- 기타 특기 사항

(11) 평가기준

- 단순보의 정적 처짐실험과 탄성계수 찾아내기에 대한 평가
- 진동수식을 이용하여 단순보의 고유진동수를 계산한 과정에 대한 평가
- 실제 고유진동수와 근사한 결과를 유추하는가?
- 처짐과 진동이론의 개요와 실험과정에 대한 패널 발표가 명확해야 함.

19.10 문형프레임의 모멘트도 개형

(1) 실험목적

구조물의 변형 형상으로부터 외력으로 인한 모멘트도의 개형을 그려낼 수 있게 함.

(2) 실험개요

지지단, 절점, 층수, 경간, 하중조건 등이 다양한 10~20가지 문형프레임을 제시하고, 우드락을 사용하여 실제로 실험해보도록 한다. 각 조는 문형프레임의 변형 형상과 모멘트도의 개형을 함께 그림으로 표시하여 제출하고 정해와 비교하여 정답률을 평가하도록 한다. 틀린 것에 대해서는 정답의 근거와 이유를 분명히 이해하고 넘어가도록 한다. 이후로는 구조물의 변형 형상을 알게 되면, 모멘트도의 개형을 쉽게 그릴 수 있게 된다.

우드락으로 만든 구조물의 지지단(이동단, 회전단, 고정단)이 그 기능에 적합하도록 지지단 구성을 적절히 해야 한다. 힌지절점과 강절점의 구성도 마찬가지이다.

(3) 제한조건

구조물의 변형 형상과 모멘트도의 개형을 함께 그린다.

(4) 실험에 필요한 요소기술

- 라멘조의 모멘트도 개형
- 지지단의 종류에 따른 지지단 모멘트
- 회전단과 고정단에서의 모멘트
- 모멘트와 구조물변형의 관계

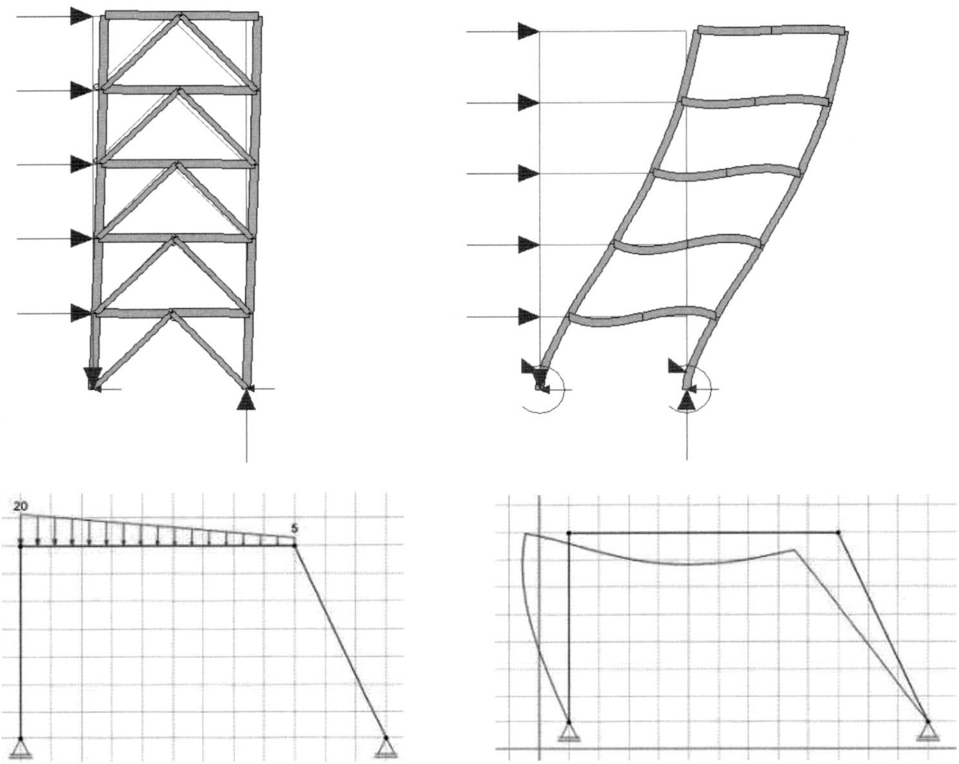

그림 19.6 프레임의 변형에 관한 몇 가지 사례

(5) **사용재료**

- 두께 2mm 우드락
- 침핀(즉석에서 회전단, 고정단, 강절점 등을 만드는 데 사용함)
- 경화 속도가 빠른 아크릴 접착제

(6) **보조도구**

- 칼, 커팅자
- 펜과 종이

(7) **작업제한시간** : 60분

(8) **조편성** : 2인 1조

(9) **작업장소** : 일반강의실에서 2시간에 모든 실험과 평가를 할 수 있음.

(10) 평가기준

• 프레임의 지지단조건, 절점조건이 실험모델에 잘 반영되었는가?
• 프레임과 하중 조건에 따른 변형형상을 올바르게 찾았는가?
• 변형형상으로부터 유추한 모멘트도의 개형은 적절한가?

19.11 10kg을 지지할 수 있는 우드락 브래킷[56] 만들기

(1) 실험목적

전단에 대한 설계의 개념을 이해함.

(2) 실험개요

돌출길이가 20cm인 브래킷을 우드락으로 만드는데, 10kg의 하중을 지지할 수 있어야 한다. 돌출길이가 짧아서 휨파괴보다는 전단파괴가 일어나므로 전단에 대한 설계개념으로 접근하여야 한다. 물론, 사용한 판재에서 판좌굴이 일어나서는 안 된다.

각 조별로 자체적인 예비학습과 실험계획을 하고, 또는 예비실험을 수행하고 이에 대한 패널과 보고서를 준비하여 실험 당일에 발표와 함께 하중실험을 한다.

(3) 제한조건

–브래킷의 내민길이는 20cm임.
–10kg의 하중은 브래킷 선단부에 작용하도록 함.
–브래킷을 구성하는 각각의 판재는 판좌굴이나 국부좌굴이 일어나지 않도록 해야 함.
–좌굴이 발생하면 브래킷은 파괴된 것으로 간주함.
–우드락의 사용량에는 제한이 없음.

그림 19.7 브래킷

(4) 실험에 필요한 요소기술

• 전단에 대한 이해. 전단응력
• 브래킷이란 무엇이고, 여기에는 어떤 힘이 주요 고려 대상인가?

(5) 사용재료

• 2mm 우드락(양에 제한 없음)

56) 하중을 지지하기 위해 기둥이나 벽체에서 돌출되어 있는 것은 브래킷이라 한다.

• 목공용 본드

(6) 보조도구

• 칼, 커팅자

(7) 작업제한시간 : 없음. 조별로 만들어서 지정된 날짜에 일괄 평가.

보관이나 운반과정에서 파손된 것은 30% 감점. 작업과정에 관한 동영상과 사진, 기타의 자료가 있는 경우에 이를 참조하여 70% 평점 내에서 평가함.

(8) 조편성 : 3인 1조

(9) 작업장소 : 개인 공간 또는 학교의 모형학습실 등에서 작업

(10) 전시발표용 패널의 구성

• 프로젝트 개요 : 프로젝트 이름, 학습기간, 학습참가자 등
• 실험학습의 내용 및 제한 조건 : 제시된 실험 주제와 제한조건 등
• 전단응력과 전단에 대한 설계개념에 관한 일반사항
• 10kg의 전단력을 지지할 수 있게 설계한 브래킷의 구조시스템 설명
• 예비실험 과정에 관한 사진 또는 기타 자료
• 기타 특기 사항

(11) 평가기준

• 브래킷에 사용된 우드락의 총무게
• 브래킷의 유효춤.(경사진 변단면인 경우는 평균높이로 함)
• (우드락 사용량)×(유효춤)이 작을수록 우수하게 설계된 것으로 평가함.
• 처짐과 진동이론의 개요와 실험과정에 대한 패널 발표가 명확해야 함.

19.12 초고층 골조 만들기

(1) 실험목적

초고층 구조에 필요한 여러 가지 구조시스템의 종류와 기능을 이해함.

(2) 실험개요

스파게티면으로 초고층구조를 만들고, 횡력저항에 효과적인 초고층 구조시스템을 한

가지 이상 적용하도록 한다. 구조물의 지지단은 베이스에 견고히 부착하여 구조물을 옆으로 눕혔을 때 큰 변형이나 파괴되지 않아야 한다.

구조물을 옆으로 눕혀서 캔틸레버 형상으로 만들고, 자중으로 인한 선단부의 정적 최대 처짐량을 계측한다. 구조물의 높이와 처짐량의 비율이 가장 적을수록 횡력에 우수하게 저항할 수 있는 구조물로 설계된 것으로 평가한다.

구조물의 풍압면적도 작아야 한다. 똑같은 바람의 세기에 대해서도 풍압면적이 큰 건물은 그만큼 더 많은 풍하중을 지지해야 하기 때문이다. 제작한 구조물의 입면 투영면적이 작아야 풍압면적이 작으므로 풍하중의 영향이 줄어들게 된다.

구조물에 사용된 스파게티면 재료의 총 무게도 적어야 한다. 스파게티 재료량이 많이 들어갔다는 것은 구조물 실제 설계에서 구조물량을 과다하게 많이 사용하여 비경제적인 설계가 되었다는 것을 의미한다.

각 조별로 자체적인 예비학습과 실험계획을 하고, 또는 예비실험을 수행하고 이에 대한 패널과 보고서를 준비하여 실험 당일에 발표와 함께 하중실험을 한다.

그림 19.8 세계의 초고층 건물들

(3) 제한조건

- 스파게티면 사용량에는 제한이 없으나 초고층구조물의 최대높이는 1m로 제한함.
- 구조물은 베이스에 견고히 부착하여 옆으로 눕혀 캔틸레버로 만들었을 때 큰 변형이나 파괴되지 않아야 함.
- 한 가지 이상의 초고층 구조시스템이 적용되어야 하고 이에 대한 개념은 패널과 보고서에 정리되어야 함.

(4) 실험에 필요한 요소기술

- 초고층 구조물의 구조적 거동(중력방향, 횡방향)
- 초고층 구조시스템의 유형별 특성
- 초고층 구조물의 구조계획

(5) **사용재료**

- 스파게티면(굵기와 사용량에 제한 없음)
- 목공용 본드 또는 아크릴 본드
- 아이소핑크(베이스)

(6) **보조도구**

- 칼, 커팅자

(7) **작업제한시간** : 없음. 조별로 만들어서 지정된 날에 일괄 평가.

보관이나 운반과정에서 파손된 것은 30% 감점. 작업과정에 관한 동영상과 사진, 기타의 자료가 있는 경우에 이를 참조하여 70% 평점 내에서 평가함.

(8) **조편성** : 3인 1조

(9) **작업장소** : 개인 공간 또는 학교의 모형학습실 등에서 작업

(10) **전시발표용 패널의 구성**

- 프로젝트 개요 : 프로젝트 이름, 학습기간, 학습참가자 등
- 실험학습의 내용 및 제한 조건 : 제시된 실험 주제와 제한 조건 등
- 대상 구조물에 적용한 횡력저항 구조시스템에 대한 개념의 정리
- 대상 구조물의 횡력저항 구조시스템 개요도
- 구조물 제작과정에 관한 사진 또는 기타 자료
- 기타 특기 사항

(11) **평가기준**

- 구조물에 사용된 재료의 총무게(아이소핑크 제외)
- 초고층구조물을 옆으로 눕혀 캔틸레버로 한 상태에서의 자중에 의한 선단부 최대처짐
- 초고층구조물의 입면 투영면적(풍압 면적)
- (풍압면적)×(총무게)×(선단부 처짐)이 가장 적은 경우가 우수한 것으로 평가함.
- 대상구조물에 적용된 횡력저항 구조시스템의 개요에 대한 패널 발표가 명확해야 함.

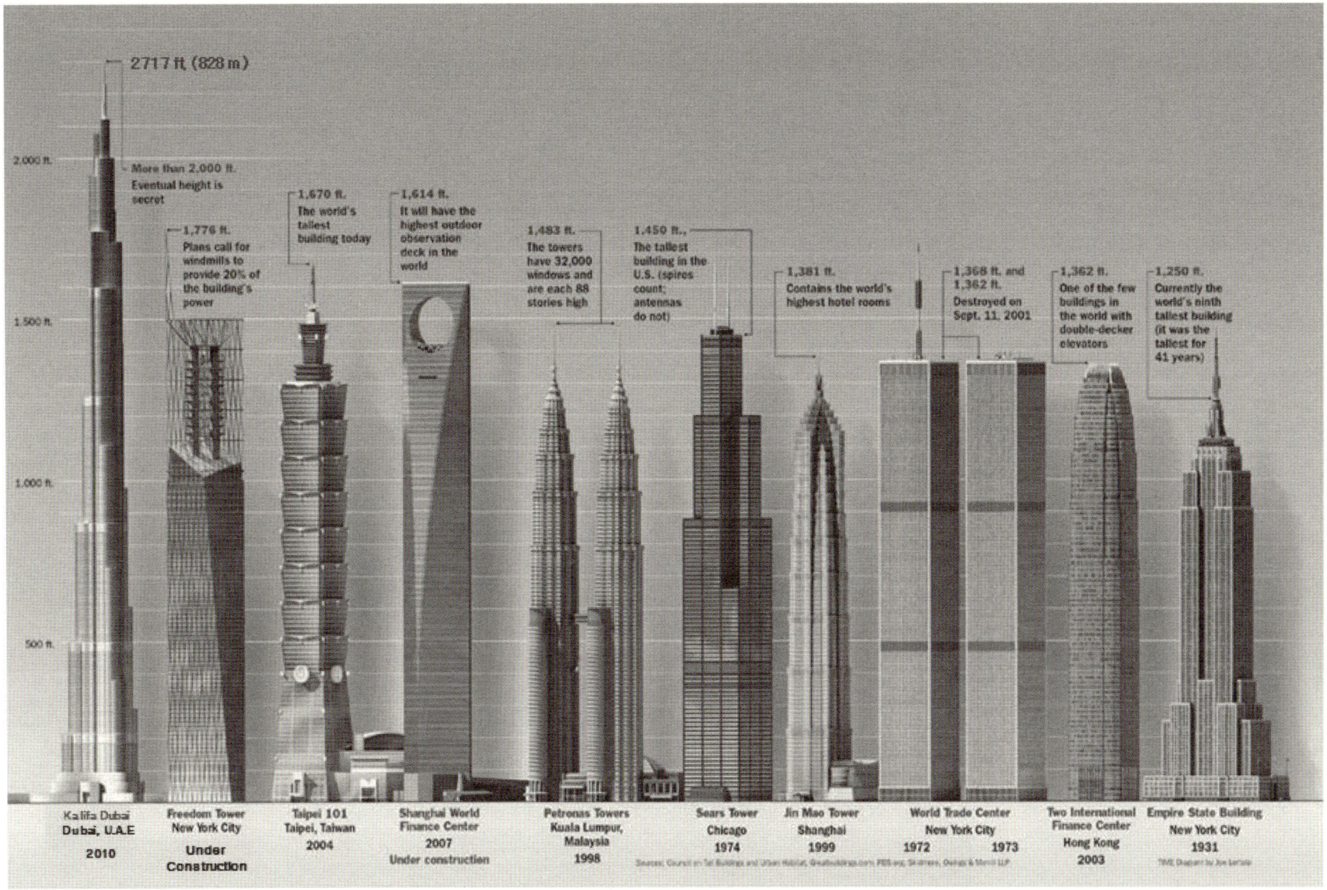

그림 19.9 세계 초고층 건물의 높이 비교

19.13 가벼운 종이 보 만들기[57)]

(1) 실험목적

보에 대한 설계 개념을 이해함.

(2) 실험개요

25cm 경간의 모형 보 중앙에 10kg의 집중하중을 받을 때 이를 지지할 수 있도록 종이와 접착제만을 이용하여 종이 보를 제작한다. 경제적인 설계를 위하여 가장 저렴한 비용으로 가장 가볍게 보를 제작하는 팀을 우수하게 평가한다.

각 조별로 문제에 대한 확실한 정의를 내리고 팀원들의 아이디어를 모두 취합한다. 취합된 아이디어들에 대하여 토의하고 수정, 보완하는 과정을 거쳐 최종적인 안을 도출한다. 패널과 보고서 발표시 제작된 종이 보의 중량을 측정한다.

(3) 제한조건

－종이 보의 크기 : 2.5cm×2.5cm×30cm

－보의 길이 방향으로 빛이 통과할 수 있어야 됨.

－책상 양단에 보를 2.5cm씩 지지하고 중앙에 10kg의 추를 설치

－강도 증가를 위한 코팅재 사용 금지

(4) 실험에 필요한 요소기술

• 보의 휨에 대한 이해

(5) 사용재료

• 종이(종류에 관계 없음)

• 접착제(테이프 및 스테이플 사용 금지)

(6) 보조도구

• 칼, 커팅자

(7) 작업제한시간 : 없음. 조별로 만들어서 지정된 날짜에 일괄 평가

57) 박강 외 4인, 창의 공학-공학 문제 해결의 길라잡이, 인터비전, 2005, p194의 내용을 참조함.

(8) 조편성 : 3인 1조

(9) 작업장소 : 개인 공간 또는 학교의 모형학습실 등에서 작업

(10) 전시발표용 패널의 구성

- 프로젝트 개요 : 프로젝트 이름, 학습기간, 학습참가자 등
- 문제 정의 : 제시된 실험주제 및 제한조건 등
- 아이디어 취합, 토의 및 판정 과정
- 종이 보의 스케치 또는 도면
- 재료 리스트와 비용명세서
- 예비실험 과정
- 기타 특기 사항

(11) 평가기준

- 10kg 하중의 지지 여부
- 종이 보의 무게 및 소요 비용이 적을수록 우수하게 평가함.
- 아이디어 도출 과정

PART 8

부 록

A1 – 단위계

- 단위(Unit)

  어떤 물리량(物理量)의 크기를 나타낼 때 비교의 기준이 되는 크기를 단위라 한다.

- 단위계(Unit System)

  길이 · 질량 · 시간 등의 물리량을 나타내는 기본 단위와 이의 조합으로 구성된 유도 단위로 만들어지는 일련의 동일계통 단위집단을 단위계라 한다.

- 미터법(Metric System)

  길이나 부피, 무게 등을 계량하는 여러 가지 도량형 중에 미터법은 약 200여 년 전에 프랑스에서 만들어졌다. 길이는 cm, m, km 등으로, 부피는 cm^3, m^3 등으로, 무게는 mg, g, kg 등을 사용하여 측정하는 방법으로서 현재 우리가 흔히 사용하고 있는 계량방법이다. 미터법이 국제적인 단위계로 정착되기까지는 여러 가지 시행착오가 있었다.

미터법은 1790년 프랑스의 샤를 모리스 드 탈레랑(Charles Maurice de Talleyrand)이 새로운 단위의 설정을 제안한 것이 그 효시이다. 중세시대의 프랑스는 귀족과 평민의 차이가 심했다. 귀족은 왕으로부터 아주 넓은 토지를 소유하고, 일반 백성들에게 무거운 세금을 강요하였다. 당시의 도량형은 정확하지 못하여 아무 것도 일정한 것이 없었고,

세금을 내거나 물건을 팔 때에 서로의 이익을 위해 저마다 자기의 잣대를 주장하며 남을 속였다. 혼란한 민심은 1789년 마침내 프랑스 대혁명을 일으켰다. 혁명정부는 무엇보다도 우선 도량형을 고쳐야 한다고 생각하고 당시의 정치가 탈레랑의 제의로 "미래에도 영원히 바뀌지 않는 것을 기초로 해서 만들자"고 약속하였다.

영원히 변치 않는 도량형이란 무엇일까? 1791년 프랑스 전국의 대학자들이 모여 회의를 연 결과, "자오선의 북극에서 남극까지 거리의 2천만 분의 1를 단위로 삼자."라고 정하였다. 그리하여 7년간에 걸친 노력으로 자오선의 길이를 측정하고, 이 길이의 2천만 분의 1을 길이의 단위로 '1미터'라 명명하였다.

각 모서리의 길이가 1/10m인 정육면체와 같은 부피의 4℃ 물의 질량을 1kg, 그 부피를 1l로 하였다. 여기서 주의할 것은 보통 1리터를 양의 기본단위로 생각하나 1m^3의 부피가 기본이다. 기본단위인 1m^3이 너무 크므로 보조단위인 리터가 거의 기본인 것처럼 사용되고 있다.

프랑스는 1799년 6월 이러한 정의를 국가표준으로 할 것을 법령으로 공포했다. 1870년 8월에는 수도 파리에서 미터법국제위원회가 발족되고 1875년 5월 20개국 참가국 중 17개국이 미터협약에 서명했다. 미터협약이 체결된 후에도 미터의 기준측정방법은 부단한 변화 · 발전을 겪었다.

1870년 미터법국제위원회가 발족될 때는 백금(90%)과 이리듐(10%)의 합금으로 된 '1m' 길이의 막대 모양 미터원기(meter原器)를 만들었다. 1889년 제1차 국제도량형총회는 이것을 국제미터원기로 선정한 후 각국에 사용을 권했다. 그러나 점차 이 미터원기와 빛 파장과의 비교측정 결과 원기의 길이가 온도와 기상 여건에 따라 조금씩 변한다는 사실이 밝혀졌다. 이를 수정하기 위해 열린 1960년 제11차 도량형총회에서 크립톤(kr)-86 램프에서 나오는 등적색 파장으로 다시 정의됐다.

이후 빛의 속도를 통해 길이를 측정한다는 생각이 보편적으로 받아들여졌다. 1983년의 제17차 도량형총회에서 1m는 '빛이 진공상태에서 2억 9,979만 2,458초 분의 1 동안 진행한 경로의 길이'로 바뀌었다. 이는 0.0000007mm의 오차를 가지는 것으로 추산된다.

현재는 빛 가운데서도 요오드 안정화 헬륨-네온 레이저에서 나온 속도를 기준으로 사용, 오차범위를 0.00000002mm까지 줄였다.

미터법에 속하는 단위계로는 MKS단위계 · CGS단위계 · MKSA단위계가 있으며, 이 외에도 CGS정전기단위계 · CGS전자기단위계 · 가우스절대단위계 · 중력단위계 등이 있다.

● 국제단위계(SI 단위계)

미터법은 처음에는 도량형에 국한되었으나 차차 다른 물리량에도 적용되기에 이르러 1960년의 제11회 국제도량형총회에서 미터계의 국제단위계(International System of Units : SI)를 채용하게 되었다. 미터계의 단위는 점차 SI단위계로 통일되어가고 있다.

SI단위계는 미터계의 MKSA단위계를 발전시킨 것으로 길이=m, 질량=kg, 시간=s, 전류=A(암페어)의 4개의 기본단위에 열역학적 온도=K(켈빈), 광도=cd(칸델라), 물질량=mol을 합쳐 7개의 단위를 SI기본단위로 채용하였다. 한국의 계량법에서도 여기에 준하여 규정하고 있다. 또한 SI보조단위로서 평면각 라디안과 입체각 스테라디안을 채용하고 있다. SI유도단위로서는 기본단위에서 유도된 SI유도단위, 특수명칭을 가지는 SI유도단위, 특수명칭으로 표시된 SI유도단위, 보조단위를 사용한 SI유도단위의 4가지로 나눌 수 있다. 또한 각 단위의 양을 실제에 맞도록 쉽게 나타내기 위해 10의 거듭제곱(10^n 또는 10^{-n})을 나타내는 SI접두어를 사용하고 있으며, 원래는 16가지였던 것을 1991년 10월 국제도량형총회에서 제타·요타·젭토·욥토 등 4가지를 추가하여 20가지가 되었다. 그 밖에 SI단위에 포함되지 않는 단위로서 실용상으로 중요하여 병용되는 단위와 특정 분야에서 유용하기 때문에 병용되는 단위가 있다.

● 야드-파운드단위법

피트-파운드단위법이라고도 한다. 고대 이집트, 바빌로니아에서 비롯되었고, 영국에서 엘리자베스 1세 때 단위로서 확립되었다. 길이에 야드(yd), 질량에 파운드(lb), 시간에 초(s), 온도에 화씨온도(°F)를 쓰고 있다. 한국에서는 1963년 12월 이후 야드-파운드법에 의한 계량단위는 비법정계량단위로서 일반의 거래나 증명에 사용할 수 없게 되었다.

● 척관법

고대 중국에서 전래되어 한국과 일본 등에서 옛날부터 사용해왔던 도량형의 단위계로서, 길이의 단위로서 자(尺), 질량의 단위로서 관(貫), 넓이의 단위로서 평(坪 또는 步), 부피의 단위로서 되(升)를 쓴다. 한국에서는 1905년부터 미터법과 혼용되어 오다가 1961년 미터법만을 사용하도록 법이 제정되었고, 이에 따라 1964년부터는 토지 건물이나 수출입, 무기, 항공, 선박 및 연구 분야의 특수한 경우를 제외하고는 척관법은 거래상 또는 증명상의 계량에서 그 사용이 금지되었다. 1983년부터는 토지 건물에 사용되는 평도 사용이 금지되었다.

- 중력단위계

주로 공학 방면에서 사용되어 공학단위계라고도 한다. 힘(force), 길이(length), 시간(time)의 단위계로 구성된다. 질량 대신 힘을 기본단위로 하는데, 예를 들면 질량이 1g인 물체의 무게를 그램중(gf)으로 표시한다.

- 기타 단위계

이상의 여러 단위 이외에도 몇 개, 몇 대, 몇 사람 등 수량의 기준이 되는 자연단위가 있다. 또한 각 나라마다의 고유단위도 있다. 예를 들어 길이의 단위로서 그리스의 그라메(gramme : 1mm), 독일의 스트리히(strich : 1mm), 미국의 온스(ounce : 0.397mm), 영국의 포인트(point : 0.353mm), 중국의 쿵리(kung li : 1mm) 등이 있다. 질량의 단위로는 그리스의 그라마(gramma : 1.25g), 독일의 푼트(pfund : 500g), 미국의 배럴(barrel : 90.72kg) 등이 있다.

- SI단위계의 변환

(1) 온도의 단위

섭씨 ℃ = (화씨온도−32)÷1.8 ※ 0℃ = 32℉

= (화씨온도−32)×(5/9)

화씨 ℉ = 1.8×섭씨온도+32 ※ 100℃ = 212℉

= (9/5)×섭씨온도+32

(2) SI단위계 접두어

인 자	접 두 어	기 호	인 자	접 두 어	기 호
10^{24}	요 타	Y	10^{-1}	데 시	d
10^{21}	제 타	Z	10^{-2}	센 티	c
10^{18}	엑 사	E	10^{-3}	밀 리	m
10^{15}	페 타	P	10^{-6}	마이크로	μ
10^{12}	테 라	T	10^{-9}	나 노	n
10^{9}	기 가	G	10^{-12}	피 코	p
10^{6}	메 가	M	10^{-15}	펨 토	f
10^{3}	킬 로	k	10^{-18}	아 토	a
10^{2}	헥 토	h	10^{-21}	젭 토	z
10^{1}	데 카	da	10^{-24}	욕 토	y

(3) 여러 가지 단위계의 환산

길이단위	cm	m	km	inch	ft	yd	mile
1 cm	1	0.01	0.00001	0.394	0.033	0.011	—
1 m	100	1	0.001	39.37	3.281	1.094	0.0006
1 km	—	1000	1	39370	3281	1094	0.6214
1 inch	2.54	0.025	0.00003	1	0.083	0.028	0.00002
1 ft	30.48	0.305	0.0003	12	1	0.333	0.0002
1 yd	91.44	0.914	0.0009	36	3	1	0.0006
1 mile	—	1609	1.6	63360	5280	1760	1

무게단위	ct	g	kg	t	oz	lb
1 ct(카라트)	1	0.2	0.002	—	0.007	0.0004
1 g(그램)	5	1	0.001	—	0.035	0.002
1 kg(킬로그램)	5000	1000	1	0.001	35.27	2.205
1 t(톤)	—	—	1000	1	—	2205
1 oz(온스)	141.8	28.35	0.028	0.00003	1	0.063
1 lb(파운드)	2268	453.6	0.454	0.0005	16	1

면적단위	평	cm^2	m^2	are	ft^2	yd^2	acre
1 평	1	33057.9	3.3085	0.03305	35.583	3.9537	0.00081
1 cm^2	0.00003	1	0.0001	0.000001	0.001089	0.0012	—
1 m^2	0.3025	—	1	0.01	10.764	1.1958	0.00024
1 are	30.25	—	100	1	1076.4	119.58	0.02471
1 ft^2	0.0281	929.030	0.092903	0.000929	1	0.1111	0.000022
1 yd^2	0.25293	8361.27	0.83613	0.00836	9	1	0.000207
1 acre	1224.2	—	4046.8	40.468	43560	4840	1

부피단위	cm^3	m^3	litter	$inch^3$	ft^3
1 cm^3	1	0.00001	0.001	0.0612	0.00003
1 m^3	1000000	1	1000	61027	35.3165
1 litter	1000	0.001	1	61.027	0.03531
1 $inch^3$	16.368	0.00001	0.01638	1	0.00057
1 ft^3	283168	0.02931	28.3167	1728	1

(4) SI 유도단위

계량대상	SI 단 위	
	명 칭	기 호
평면각	라디안(radian)	rd
입체각	스테라디안(steradian)	sr
진동수, 주파수	헤르츠(hertz)	Hz
힘	뉴턴(newton)	N
압력, 응력	파스칼(pascal)	Pa
에너지, 일, 열량	줄(joule)	J
일률, 전력	와트(watt)	W
전하량	쿨롬(coulomb)	C
전위, 전압, 기전력	볼트(volt)	V
전기용량	패럿(farad)	F
전기저항	옴(ohm)	Ω
전기전도도	지멘스(siemens)	s
자기력선속	웨버(weber)	Wb
자기력선속밀도	테슬라(tesla)	T
인덕턴스	헨리(henry)	H
섭씨온도	섭씨도(degree Celsius)	℃
광선속	루멘(lumen)	lm
조명도	럭스(lux)	lx
방사능	베크렐(becquerel)	Bq
흡수선량, 비에너지 투여	그레이(gray)	Gy
케르마, 흡수선량지수 선량당량, 선량당량지수	시버트(sievert)	Sv
힘의 모멘트	뉴턴 미터	N · m
표면장력	뉴턴 퍼 미터	N/m
열용량, 엔트로피	줄 퍼 켈빈	J/K
전기장의 세기	볼트 퍼 미터	V/m
각속도	라디안 퍼 초	rad/s
각가속도	라디안 퍼 초 제곱	rad/s^2
복사도	와트 퍼 스테라디안	W/sr

A2 – 마이크로미터와 버니어캘리퍼스

1. 마이크로미터(Micrometer)

물체의 치수를 정밀하게 측정하는 도구로서, 버니어캘리퍼스보다 정밀도가 높다. 마이크로미터의 나사는 피치가 0.5mm이고 심블(thimble)은 50등분되어 있으므로 심블의 한 눈금은 0.5mm의 1/50, 즉 0.01mm까지 측정할 수 있다.

U자형 프레임의 한 쪽 끝에는 고정된 앤빌(anvil)이 있고, 다른 쪽 끝의 슬리브(sleeve) 안쪽은 암나사로 되어 있으며, 수나사 형태의 스핀들이 그 속에 들어 있다. 스핀들의 바깥쪽에는 심블이 있고, 이것을 회전시키면 스핀들이 축방향으로 이동한다. 슬리브에는 축방향으로 눈금이 매겨져 있고, 심블에는 원주 방향으로 원주를 50등분한 눈금이 매겨져 있어 1눈금으로 0.01mm를 읽을 수 있다. 또 스핀들을 고정시키기 위한 클램프, 측정압(測定壓)을 일정하게 하기 위한 래치스톱(ratchet stop)이 붙어 있다.

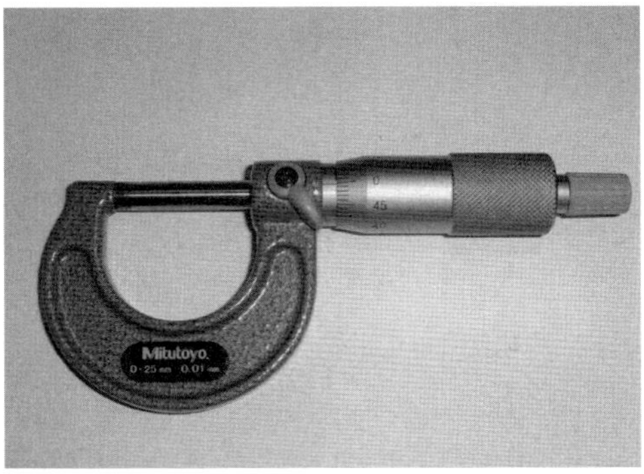

사진 A2.1 마이크로미터

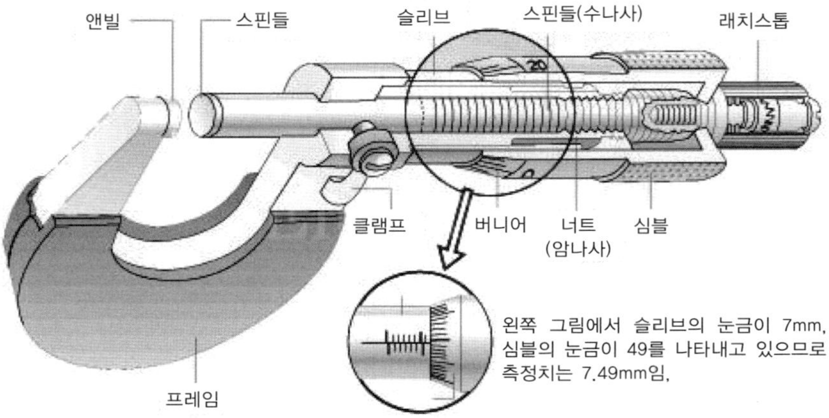

그림 A2.1 마이크로미터의 구성

길이를 측정하려면 앤빌과 스핀들 사이에 측정물을 끼우고 슬리브와 심블의 눈금을 읽는다. 보통 사용되고 있는 마이크로미터는 나사의 피치가 0.5mm이다. 스핀들의 측정 범위는 0~25mm, 25~50mm와 같이 25mm 간격으로 되어 있다. 최대 3m까지 측정할 수 있는 것도 있다. 마이크로미터에는 바깥쪽 치수를 측정하는 바깥지름 마이크로미터, 안쪽 치수를 측정하는 안지름 마이크로미터, 구멍 등의 깊이를 측정하는 깊이 마이크로미터, 나사와 기어의 이(齒)두께, 나사의 유효지름 등을 측정하는 수나사용, 암나사용의 나사 마이크로미터 등이 있다.

측정치수를 읽을 때 0.5mm까지는 슬리브의 눈금을 읽고 그 다음 수는 심블의 눈금을 읽는다. 예를 들어 슬리브의 눈금이 8.5mm이고 심블의 눈금이 15일 경우의 측정치수는 8.65mm가 된다.

〈마이크로미터 사용법〉

① 마이크로미터의 앤빌과 스핀들의 측정부분에 이물질을 제거하여 치수오차가 발생하지 않도록 한다.

② 측정물을 마이크로미터의 앤빌에 축 직각으로 정확히 맞춘다.

③ 래치스톱(Ratchet Stop)을 클릭 소리가 날 때까지 정확히 돌리되 스핀들이 공작물에 닿기 전에는 천천히 돌려 관성에 의해 스핀들이 돌아가지 않도록 한다.

④ 눈금을 읽을 때는 슬리브의 눈금을 먼저 읽고 심블의 눈금을 추가로 읽어 더한다.

⑤ 슬리브의 눈금은 위쪽이 1mm 간격으로 표시되어 있으며 5mm마다 굵은선으로 표시되어 있고, 슬리브의 아래쪽에는 위쪽눈금 사이마다 0.5mm를 표시하는 눈금이 새겨져 있다.

⑥ 심블을 1회전시키면 0.5mm의 길이가 변화한다.

2. 버니어캘리퍼스(Vernier Calipers)

물체의 바깥지름이나 안지름, 두께, 홈의 너비, 깊이 등을 1/20mm까지의 정밀한 치수로 읽을 수 있다. 전자식 버니어캘리퍼스는 1/100mm 정밀도를 갖는 것도 있다. 노기스라고도 하는데, 이것은 독일어의 노니우스(Nonius)라는 발음이 잘못된 것이라고 한다.

어미자와 어미자 위를 이동하는 버니어(아들자)로 되어 있는데, 어미자의 선단과 버니어 사이에 측정물을 끼우고, 어미자 위의 눈금을 버니어를 사용해서 읽는다. 보통 사용되고 있는 것은 어미자의 한 눈금이 1mm이고, 버니어의 눈금은 어미자의 1눈금을 20등분한 것이다.

버니어캘리퍼스의 어미자는 1mm마다 눈금이 새겨져 있으므로, 0.05mm까지 정확히 측정할 수 있다. 버니어캘리퍼스를 읽는 방법은 다음과 같다.

우선 버니어의 0눈금이 어미자의 어느 곳 사이에 있는지 알아야 한다. 예를 들어 버니어의 0눈금이 어미자의 15mm와 16mm 사이에 있으면 15mm부터 읽는다. 그 다음 버니어의 눈금이 어미자의 눈금과 일치하는 부분을 읽는다. 그 후 일치하는 부분의 눈금이 버니어의 몇 번째 눈금인지 확인한 후 0.05를 곱한다. 예를 들어 버니어의 12번째 눈금과 일치하면 12×0.05 = 0.6이 나온다. 여기에 어미자에 나오는 눈금을 더해 주면 된다.

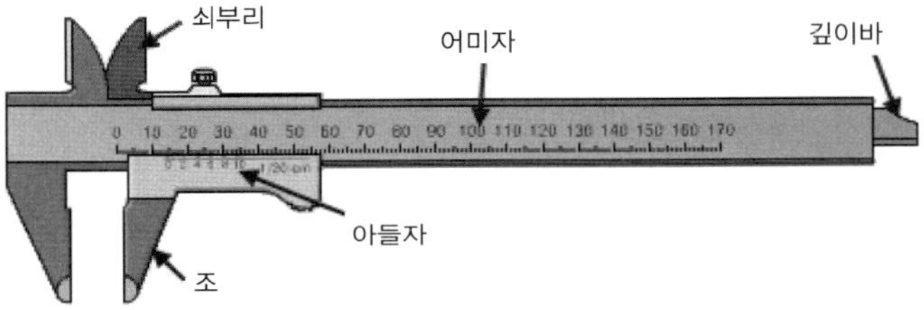

그림 A2.2 버니어캘리퍼스의 구조와 명칭

〈버니어캘리퍼스의 눈금읽기〉

① 버니어의 0 눈금이 위치한 어미자의 눈금을 정수값까지 읽는다.(10mm)

② 어미자와 버니어의 눈금이 일치하는 점을 찾아서 버니어의 치수를 소수점 값으로 읽는다.(0.35mm)

③ 어미자의 정수값과 버니어의 소수값을 더한다.(10mm+0.35mm = 10.35mm)

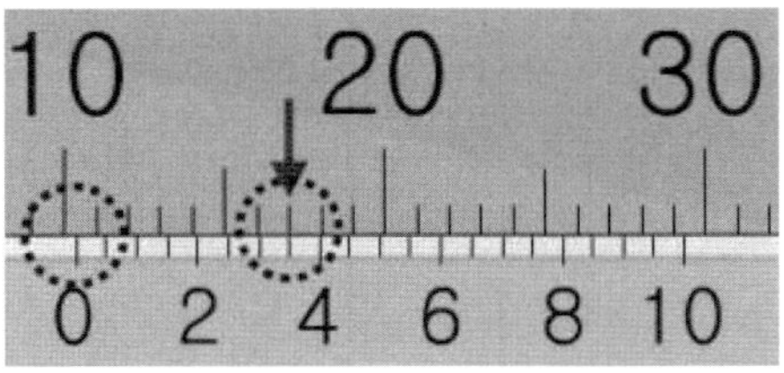

그림 A2.3 버니어캘리퍼스 눈금

A3 – 실험학습 보고서의 구성

- 보고서 표지(제목, 날짜, 제출자 등)
- 요약보고서(실험학습 보고서의 본내용을 1~2쪽으로 요약 정리)
- 목차
- 실험학습 보고서 본 내용

1. 실험학습의 기본사항

제목 / 날짜 / 실험자 / 장소 등 기타 실험학습 상황에 관한 기본사항

실험제목			
실험일자		실 험 자	
실험장소		지도교수	
실험환경	(온도, 습도, 바람이나 기타 실험결과에 영향을 미칠 수 있는 환경조건 기술)		
특기사항	실험의 조건이나 방법 등에 있어서 실험결과에 영향을 미칠 수 있는 특이한 사항에 대하여 기술		

2. 실험학습의 개요 또는 목적

실험학습의 목적이나 실험내용에 대한 개요를 간략히 설명

3. 실험학습에 필요한 기본 이론(1~5쪽 내외)

– 실험학습의 주제와 내용에 관련한 기본적인 학습내용과 이론 등을 정리함.
– 학습을 목적으로 하는 것이므로 자료를 직접 모으고 학습하면서 정리해야 함.
– 학습에 참고한 자료, 도서, 보고서, 논문, 사이트 등은 후반부의 참고문헌에 기입함.
– 본문 중에 참고문헌을 인용한 부분이 있으면 참고문헌의 번호를 인덱스로 표시함.

4. 실험 방법과 준비(1~5쪽 내외)

(1) 실험준비물

－실험에 필요한 준비물, 도구, 재료와 기본 상황이나 조건들

－실험체의 제원 등

(2) 실험방법

－실험순서, 실험설치상황, 계측방법, 실험진행방법 등

(3) 주의사항 또는 특기사항

－실험 진행시 주의사항이나 특기사항

(4) 실험 전경

－실험설치도 또는 설치상황 사진

5. 실험내용과 결과분석(1~5쪽 내외)

－실험과정에서 계측 또는 관찰한 사항에 대한 데이터 정리(표, 그래프, 사진 등)

－실험결과 데이터에 대한 분석(표, 그래프, 분석의견 등)

6. 결과 또는 결론

－실험학습한 내용에 대해 종합적인 결과 정리 또는 결론적인 의견 정리

7. 참고문헌

－실험학습에 활용된 여러 가지 참고문헌, 인터넷 사이트 등의 목록 기술

8. 특기사항 또는 후기

9. 부록

－실험의 계획과 준비, 진행, 분석 과정에 대한 사진

－학습에 활용된 참고자료 첨부

－부록으로 첨부할 만한 기타 자료

A4 – 실험계획서 양식

<table>
<tr><td colspan="3" rowspan="3">실험학습 계획서</td><td>과 목 명</td><td></td></tr>
<tr><td>연도-학년-학기</td><td></td></tr>
<tr><td>지 도 교 수</td><td></td></tr>
<tr><td>과 제 명</td><td colspan="4"></td></tr>
<tr><td rowspan="4">실 험 조</td><td rowspan="4">1 조</td><td>이름</td><td>휴 대 폰</td><td>이메일</td></tr>
<tr><td>홍 길 동</td><td>012–3450–6798</td><td>abcdefgh@hijklmnn.opq.kr</td></tr>
<tr><td>김 대 한</td><td></td><td></td></tr>
<tr><td>이 하 나</td><td></td><td></td></tr>
<tr><td>실험장소</td><td colspan="2"></td><td>실험기간</td><td></td></tr>
<tr><td>과제개요</td><td colspan="4">과제의 목적과 내용에 대하여 간단히 기술</td></tr>
<tr><td>과제의 제한사항</td><td colspan="4">과제의 제한조건 기술</td></tr>
<tr><td>과제에 필요한 사전학습 내용</td><td colspan="4">실험학습의 목적달성과 실험의 성공적인 추진을 위해 사전에 학습하고 이해해야 할 항목들을 정리함.</td></tr>
<tr><td>재료/자료의 예산편성 또는 확보계획</td><td colspan="4">– 실험재료/자료 또는 도구의 구입이 필요한 경우 예산편성 작성.
– 예산편성이 불필요한 경우는 확보계획만 간단히 기술</td></tr>
<tr><td>조원의 역할 분담과 협력관계</td><td colspan="4">– 2~4인 조원의 역할 분담과 협력관계 기술(그림으로 표시해도 좋음)
– 조원 중 1~2명이 모든 과제를 진행하는 것을 방지하며, 조원 간 커뮤니케이션 강화와 시너지 창출을 위함.
– 조원은 맡은 바 역할에 충실해야 하고, 서로간의 공동학습과 협력이 필요함</td></tr>
</table>

실험계획	-실험진행계획, 실험체 설치계획, -관찰 또는 계측해야 하는 사항 -실험 준비와 진행과정에서 주의해야 할 사항
예상결과	-예상되는 결과를 사전에 예측해 봄 -실험 후에 실제 결과와 비교하여 분석함.
예상문제점 및 해결방안	실험과정에서 예상되는 문제점 및 해결방안

과제 추진 일정표	
기간	추 진 계 획 내 용

A5 – 보고서 작성의 주의사항

1. 구어체 문장을 사용하지 않는다.
2. 문장의 주어, 동사, 목적어 등이 분명해야 한다.
3. 보고서, 논문 등에서는 인칭 주어를 사용하지 않는다.
4. 문장정열, 맞춤법, 띄어쓰기, 표기법 등에 주의해야 한다.
5. 단위는 SI 단위계를 기본으로 하며, 경우에 따라 중량단위계를 병기할 수 있다.
6. 보고서의 목차와 쪽번호 기입이 누락되는 경우가 많다. 반드시 있어야 한다.
7. 문서편집 프로그램에 익숙하지 않은 경우 문장을 한 줄마다 끊는 경우가 있는데, 문장의 첫 글자에서 마침표 까지는 하나의 문장으로 하는 것이 문서 편집에 편리하다.
8. 장 – 절 – 항 – 목 : 일반적으로 장 - 절 - 항까지 목차번호를 부여하고 목 이하로는 나열기호를 사용한다. 예를 들면 다음과 같다.

> **1장 힘과 평형**
>
> **1–3 반력과 평형**
>
> **1–3–2 평형**
>
> **(1) 평형의 기본조건**
>
> ① 수평이동하지 않아야 한다 : $\Sigma H = 0$

9. 보고서와 논문은 완성된 문장으로 구성해야 한다.
   개조식의 나열은 본문의 내용 중에서 항목을 열거할 필요가 있는 경우에 사용한다.
10. 본문에 수록된 표, 그림, 사진, 그래프, 수식 등에는 일련번호를 부여한다.
    보고서나 논문의 양이 많은 경우의 번호체계는 장별로 구분하는 것이 좋다.
    표, 그림, 사진, 그래프 등에는 번호와 함께 해당 제목이 있어야 한다.
11. 본문에 수록된 표, 그림, 사진, 그래프, 수식 등은 반드시 그 앞 부분에서 설명이 먼저 기술되어야 한다. 본문에서 설명이 언급되지 않은 표, 그림 등은 무의미하다.

12. 인용 데이터, 기준, 법령 등 : 데이터, 기준, 법령 등을 인용한 경우는 그 자료의 기준 연도와 발표기관을 반드시 표기해야 한다.

13. 참고문헌 번호 표기 : 참고문헌을 인용(문장, 표, 그림, 사진, 그래프, 데이터 등)하여 본문에 편집하거나 언급한 부분이 있으면 반드시 참고문헌 번호로 인덱스 표기하고, 논문 또는 보고서의 후반부에 정리하는 참고문헌 목록에 자료명을 기입한다.

14. 참고문헌 표기방법 : 참고문헌 표기 방법은 여러 가지가 있으나 대한건축학회 논문집 편집규정에서[58] 정하고 있는 사례를 제시하면 다음과 같다.

① 출전이 단행본인 경우
저자명, 도서명, 판차, 출판사, 출판지, 인용한 쪽, 출판년도.
예) 이몽룡, 『건축계획론』, 3판, 청운사, 서울, p.54, 1993.
예) Lynch, Kevin & Hack, Gary, Site Planning, 3rd ed,. MIT Press, Cambridge, p.132, 1994.

② 출전이 정기간행물인 경우
필자명, 논문명, 정기간행물명, 권수, 호수, 인용한 쪽, 발행년도.
예) 이도령, 「콘크리트의 균열방지책에 관하여」, 대한건축학회논문집, 12권, 14호, pp.145~150, 1993.
예) Mylrea T.D., Bond and Anchorage, Journal ACI, Vol.59, No.7, pp.71~75, 1988.

③ 출전이 총서, 논집인 경우
저자명, 논문명(편저명, 도서명, 판차, 권수), 인용한 쪽, 출판사, 출판년도.
예) 홍길동, 「경량콘크리트의 시공」(김생년 편, 콘크리트시공편람, 2판, 2권), 건설사, 부산, p.552, 1988.

58) 대한건축학회 홈페이지(www.aik.or.kr) 〉 논문투고 〉 국문논문 〉 논문원고작성규정

참고문헌

1. 강명래, 건축구조이야기, 구미서관, 2002.
2. 김상대 외 4인, 구조역학해석, 문운당, 2006.
3. 김상대 외 3인 공역, 구조해석, 교보문고, 2001.
4. 김상식 외 1인, 강구조설계, 문운당, 2006.
5. 김성도 외 1인, 구조공학실험, 새길, 1999.
6. 김종성, 구조의 원리, 기문당, 2004.
7. 김종성 외 4인, 건축 · 구조 · 디자인, 구미서관, 2003.
8. 김종성 외 2인, 건축, 구조디자인과 모형, 구미서관, 2005.
9. 박선우, 지붕구조시스템, 세진사, 1999.
10. 박강 외 4인, 창의 공학 – 공학 문제 해결의 길라잡이, 인터비젼, 2005.
11. 유우상 외 2인 공역, 건축의 구조와 디자인, Spacetime, 2003.
12. 장동찬 외 1인, 해법 건축구조역학, 기문당, 2006.
13. 주석중 외 3인, 새로운 건축구조, 기문당, 2006.
14. 한국강구조학회, 강구조설계, 구미서관, 2006.
15. 홍갑표 역, 구조동역학개론, 기문당, 1998.
16. Bungale S. Taranath, Steel, Concrete, & Composite Design of Tall Buildings 2nd Ed., Mc Graw Hill, 1997.
17. Heino Engel, Structure Systems, Verlag Gerd Hatje, 1997.
18. R.C. Hibbeler, Structural Analysis 5th Ed., Prentice Hall, 2002.
19. Robert A. Coleman, Structural Systems Design, Prentice Hall, 1983.
20 小堀鐸二, 制震構造-理論과と實際, 鹿島出版會, 1993.
21. 建設技術情報 11, 제37호, 1991, pp.30~89.
22. 武田壽一編, 構造物の免震·防振·制振, 技報堂出版, 1996.
23. 日本建築學會, 構造入門教材: ちからとかたち, 技報堂, 2002.
24. ウィジュアル建築入門編輯委員會, 建築の構造, 彰國社, 2002.
25. ウィジュアル建築入門編輯委員會, 建築と工學, 彰國社, 2003.

이성수 (leess@kunsan.ac.kr)
연세대학교 건축공학과 졸업, 공학박사
(주)대우건설기술연구소 근무
(주)삼우종합건축사사무소 구조설계팀 근무
현재, 군산대학교 건축공학과 교수

이용수 (struct@wonkwang.ac.kr)
연세대학교 건축공학과 졸업, 공학박사
현재, 원광대학교 건축공학과 교수

이종원 (jwlee@nsu.ac.kr)
연세대학교 건축공학과 졸업
KAIST 건설 및 환경공학과 졸업, 공학박사
한국기계연구원 근무
현재, 남서울대학교 건축공학과 교수

전호민 (hm2095@chodang.ac.kr)
연세대학교 공과대학 건축공학과 졸업
연세대학교 대학원 건축공학과 졸업, 공학박사
현재, 초당대학교 건축학과 교수

홍갑표(kappyo@yonsei.ac.kr)
연세대학교 건축공학과 졸업
Texas Technology University, Civil Engineering
University of Colorado, Civil Engineering, Ph.D
현재, 연세대학교 건축공학과 교수

실험으로 이해하는 구조역학

2015년 8월 10일 인쇄
2015년 8월 15일 발행

저 자	이성수, 이용수, 이종원, 전호민, 홍갑표
발 행 인	강 해 작
발 행 처	기 문 당
주 소	서울시 성동구 무학봉 28길 4-1
전 화	02) 2295-6171(代)~5
팩 스	02) 2296-8188
출판등록	1976. 10. 7 (1-44)
홈페이지	http : // 기문당 http : // www.kimoondang.com
I S B N	978-89-6225-314-6 93540
정 가	15,000원